HEIDELBERGER AKADEMISCHE BIBLIOTHEK 18

Im Auftrag der Heidelberger Akademie der Wissenschaften herausgegeben von Peter Graf Kielmansegg und Bernhard Zimmermann

Albrecht Winnacker

Silizium ist nicht alles

Zur Materialproblematik
der modernen Elektronik

ALFRED KRÖNER VERLAG STUTTGART

Albrecht Winnacker
Silizium ist nicht alles
Zur Materialproblematik der modernen Elektronik
1. Auflage
Stuttgart: Kröner 2025
(Heidelberger Akademische Bibliothek: Band 18)
ISBN Druck: 978-3-520-90018-0
ISBN E-Book: 978-3-520-90189-7

Druckprodukt
CO_2 kompensiert
klima-druck.de
ID-Nr. 25211498
VDM+
Mehr Informationen zur Berechnungsmethodik, zur Kompensation und dem gewählten Goldstandard-Klimaschutzprojekt finden Sie unter klima-druck.de/ID.
ID 25211498
klima-druck.de/ID

Gesamtherstellung: Friedrich Pustet Regensburg

Inhalt

Vorbemerkung der Herausgeber

Mit der *Heidelberger Akademischen Bibliothek* möchte die Heidelberger Akademie der Wissenschaften ein Forum schaffen, auf dem die Mitglieder der Akademie sich auf eine neue Weise der interessierten Öffentlichkeit vorstellen können. Schon immer haben sich die Akademien der Wissenschaften durch die Publikation der in den Klassensitzungen gehaltenen Vorträge an die Öffentlichkeit gewandt. Aber diese Berichte haben aus vielen Gründen nicht mehr die Bedeutung, die sie einmal hatten. Die Heidelberger Akademie der Wissenschaften stellt ihnen deshalb eine neue Schriftenreihe zur Seite. In der *Heidelberger Akademischen Bibliothek* soll der Idee nach möglichst jedes Akademiemitglied ein für seine Forschungsarbeit charakteristisches Thema in einem wissenschaftlichen Essay so abhandeln, dass die jeweilige Fachwissenschaft davon Notiz zu nehmen Anlass hat, zugleich aber auch eine weitere Öffentlichkeit angesprochen wird. Jedes Mitglied soll, das ist der Gedanke, hier eine wissenschaftliche Visitenkarte abgeben. Und in der Summe der Beiträge soll der Kosmos der Wissenschaften so, wie er in der Heidelberger Akademie der Wissenschaften präsent ist, sichtbar werden, mit der ganzen Vielfalt von Themen, Fragestellungen, Methoden.

Die Heidelberger Akademie der Wissenschaften ist, im Unterschied zu anderen Akademien, noch immer in nur zwei Klassen gegliedert – die mathematisch-naturwissenschaftliche, die die Technikwissenschaften einschließt, und die philosophisch-historische, zu der auch die Sozialwissenschaften gehören. Es sind ganz überwiegend die in der philosophisch-historischen Klasse vertretenen Fächer, die das Buch noch als unverzichtbares Medium und den Essay als eine der Formen wissenschaftlichen Publizierens ansehen. Das spiegelt sich auch in der *Heidelberger Akade-*

mischen Bibliothek wider. Die mathematisch-naturwissenschaftliche Klasse, für deren Fächer inzwischen ganz andere Regeln des Publizierens gelten, wird nicht flächendeckend, wohl aber durch einzelne ihrer Mitglieder in der *Heidelberger Akademischen Bibliothek* präsent sein. Die philosophisch-historische Klasse umfasst aber schon für sich eine solche Fächervielfalt, dass sie einen eigenen Wissenschaftskosmos darstellt.

Wissenschaft und Öffentlichkeit – das ist keine einfache Beziehung, schon gar nicht in Zeiten, in denen die Wissenschaft sich dem Verständnis derer, die nicht selbst als Wissenschaftler tätig sind, immer stärker entzieht; in Zeiten zudem, in denen zugleich der Erwartungsdruck auf die Wissenschaft und das Misstrauen gegenüber der Wissenschaft wachsen. In der *Heidelberger Akademischen Bibliothek* werden vornehmlich die Wissenschaften zu Worte kommen, die sich in besonderer Weise der Frage nach ihrer ›Nützlichkeit‹ ausgesetzt sehen. Die *Heidelberger Akademische Bibliothek* hofft, einen bescheidenen Beitrag dazu leisten zu können, dass sichtbar bleibt, warum wir den Kosmos der Wissenschaften in seiner ganzen Vielfalt und Weite brauchen.

Peter Graf Kielmansegg *Bernhard Zimmermann*

Kapitel 1
Einleitung: Silizium ist nicht alles. Eine Übersicht über die Materialproblematik der Elektronik

1.1 Elektronik als Schlüsseltechnologie unserer Zeit

Immerhin ist es dahin gekommen, dass bei dem Stichwort ›Chips‹ mehr Menschen an elektronische Bauelemente denken als an Kartoffelchips. Das mag aktuelle Ursachen haben, wie den Chipmangel, der Anlass zu vielfältigen Problemen der Industrie gibt, bedingt durch die Störungen des Marktes infolge der Corona-Epidemie oder die Unterbrechungen der Lieferketten durch politische Turbulenzen. Es ist aber auch Ausdruck eines allgemeinen Trends, der rasanten Zunahme der Bedeutung der Halbleiter-Bauelemente in allen Bereichen der Industrie. Halbleiterbauelemente wirken daher in praktisch alle unsere Lebensverhältnisse hinein: Internet, Mobilität, Energieerzeugung und -Verteilung, Anlagensteuerung und Kommunikation, alles beruht auf der Elektronik als Schlüsselindustrie.

Dieses in der Tat dramatische Geschehen wird plakativ oft in Verbindung mit dem chemischen Element ›Silizium‹ angesprochen. Wir sprechen von der ›Siliziumtechnologie‹ fast als einem Pseudonym für die moderne Elektronik, wir sprechen vom ›Silicon Valley‹ als der Geburts- und Entwicklungsstätte dieser Industrie, mit Marktführern wie IBM, Intel, Apple, Google oder Amazon als ihren Protagonisten, beheimatet in dieser schönen Klimazone und den ehemaligen Olivenhainen Kaliforniens; manche versteigen sich gar zu der Charakterisierung unserer Zeit als dem ›Siliziumzeitalter‹.

Mit dieser Bezeichnung würde man einem Trend der Geschichtsschreibung folgen, Epochen nach den Materialien zu benennen, welche in der jeweiligen Zeit für Technik und Zivilisation erschlossen und genutzt wurden. Man spricht von der ›Steinzeit‹, der ›Bronzezeit‹, der ›Eisenzeit‹, man könnte von der Zeit der beginnenden Industrialisierung als derjenigen von Kohle und Stahl sprechen, wie dies gelegentlich auch geschieht. In diesem Einteilungsschema kommt zum Ausdruck, wie sehr die Entwicklung der technischen und zivilisatorischen Möglichkeiten auf der Erschließung von Materialien, auf Werkstofftechnik beruht.

Die eingangs betonte Bedeutung der Elektronik mit einem Material, dem Silizium, zu identifizieren, ist aber nicht ganz sachgerecht und trifft die technische und wirtschaftliche Realität nicht. Zwar verfügt das Silizium in der Tat über verschiedene Eigenschaften, die es zu einem ausgezeichneten elektronischen Material machen. Es ist aber keineswegs so, dass seine physikalischen und chemischen Eigenschaften das Silizium für jeden Anwendungszweck zum bestgeeigneten elektronischen Werkstoff machen. Je nach den vorliegenden Anforderungen für bestimmte Funktionen und ›Devices‹ kann durchaus ein anderes Halbleitermaterial zu bevorzugen sein; dennoch geben vielfach Verfügbarkeit, Herstellungsverfahren und eine ausgereifte Fertigungstechnologe dem Silizium den Vorzug. Es gibt in der Technik-Entwicklung Selbstverstärkungsprozesse, die eine Monopolstellung eines einzelnen Fertigungsverfahrens oder eines einzelnen Materials begünstigen, und sei es manchmal nur der massenhafte Gebrauch, der sich herausgebildet hat. So muss es aber, angewandt auf den Fall des Siliziums, nicht bleiben; intensive Forschungstätigkeit und zunehmende Spezialisierung führen dazu, dass auch andere Materialien an Interesse gewinnen.

Dazu kommt, als noch gravierendere Einschränkung für die Rolle des Siliziums als Grundstoff der Elektronik, jedoch noch, dass es aufgrund seiner physikalischen Eigenschaften für gewisse durchaus wichtige Anwendungsfelder der Elektronik überhaupt nicht infrage kommt. Solche Anwendungsfelder sind die ›Optoelektronik‹, die sich u.a. mit modernen Lichtquellen wie Leuchtdioden und Halbleiterlasern und ihren Anwendungen befasst, oder die ›Hochtemperaturelektronik‹, bei welcher es um den Betrieb von elektronischen Bauteilen und Schaltungen bei hohen Temperaturen geht. Solche Anwendungen spielen in der modernen Technik eine wichtige Rolle. Im Folgenden sollen einige Anwendungsbereiche der Elektronik mit Blick auf die Rolle des Siliziums besprochen werden.

1.2 Silizium für ›integrierte Schaltungen‹ in der Informationstechnologie

Wirklich unumstritten ist die Stellung des Siliziums als ›Königsmaterial‹ eigentlich nur in einem großen Gebiet der Elektronik, dem der ›integrierten Schaltungen‹, eben der eingangs erwähnten Chips. Hier geht es darum, auf möglichst engem Raum möglichst viele Bauelemente wie Transistoren, Kondensatoren, Widerstände unterzubringen, die durch elektrische Leitungen miteinander verbunden sind zu einem System von Speicherzellen, in denen Daten gespeichert werden, oder einem System logischer Schaltkreise. Mit fortschreitender Miniaturisierung können immer mehr solcher Elemente auf engem Raum untergebracht und so immer komplexere Funktionen auf gegebenem Raum ermöglicht werden. Gern wird darauf hingewiesen, dass in einem heutigen Mobilphone eine höhere Rechen- und Speicherfähigkeit realisiert ist als in einem zimmergroßen Computer der 70er Jahre! Die äußerste Steigerung erfährt die Anwendung immer leistungsfähigerer integrierter Schaltungen in der Entwicklung der ›Künstlichen Intelligenz‹, welche wohl das dominierende Technologiethema unserer Tage ist.

Die fortschreitende Miniaturisierung, welche dieser Entwicklung zugrunde liegt, beruht im Grunde auf einer zunehmenden Verfeinerung immer der gleichen Fabrikationstechnik, der sog. ›Fotolithografie‹. Da diese Verfeinerung mit immer komplexeren Fabrikationsschritten einhergeht, wird somit die Herstellung integrierter Schaltungen der heutigen Generation immer aufwändiger, nur noch wenige Großkonzerne auf der Welt können in gigantischen und extrem kapitalintensiven Fabrikationsanlagen diese Chiptechnologie anbieten. Dies trägt auch bei zu den bekannten Problemen mit den ›Lieferketten‹, welche die derzeitige Situation in der IT-Technologie im Speziellen wie der High-Tech-Industrie im Allgemeinen kennzeichnen.

Aber auch unabhängig von diesen ›nur‹ technisch-ökonomischen Fragen kommt die Miniaturisierung elektronischer Schaltungen an eine grundsätzliche physikalische Grenze. Ein elektronisches Bauelement, wie jede technische Struktur, ist ja aus Atomen aufgebaut und muss natürlich für seine Funktionsfähigkeit aus mehreren Atomen bestehen, seien es auch nur 10 oder 20 Atome in jeder räumlichen Richtung. Der Abstand der Atome im Silizium beträgt ca. 0,3 Nanometer[1], ähnlich ist es in jeder anderen Substanz, so dass die kleinstmögliche Strukturgröße etwa 3 nm beträgt. Bei solchen Dimensionen ist man aber in der heutigen Chiptechnologie angelangt, d.h.: ›kleiner

1 Zur Veranschaulichung wird gern die Dicke eines Haares herangezogen: 0,3 nm (Nanometer) sind etwa ein Zehntausendstel der Dicke eines Haares!

geht es nicht‹. Die zeitliche Entwicklung der integrierten Schaltungen bis hin zu diesen heutigen Dimensionen wird durch das ›Mooresche Gesetz‹ beschrieben, das in Abschnitt 4.4 näher erläutert werden wird. In der heutigen Forschung und Entwicklung integrierter Schaltungen geht es also um eine ›Technologie jenseits des Mooreschen Gesetzes‹, ein Schlagwort, unter dem die entsprechenden Trends oft diskutiert werden.

1.3 Hochtemperaturelektronik

Was elektronische Schaltkreise, also die eigentliche Domäne des Siliziums, anbetrifft, so gibt es auch hier ein Handicap: Die elektronischen Bauelemente auf der Basis von Silizium funktionieren grundsätzlich nicht bei Temperaturen oberhalb von etwa 250 °C, wie sie in vielen technischen Anlagen und Maschinen erreicht und weit übertroffen werden, so in Chemieanlagen, Turbinen, auch im Verbrennungsmotor usw. Hier ist also ein anderes Halbleitermaterial gefragt. Beim Stichwort ›Verbrennungsmotor‹ mag manche Leserin und mancher Leser sich sagen, dass dieses Manko ja mit dessen Aussterben entfallen wird. An dieser Stelle aber nur der Hinweis, dass gerade auch die im Zusammenhang mit der aufkommenden E-Mobilität erforderliche ›Leistungselektronik‹ (Abschnitt 6.2) neue Halbleitermaterialien begünstigt bzw. erfordert.

1.4 Verbindungshalbleiter für die Optoelektronik

Wenige Erfindungen haben die menschliche Zivilisation wohl so beeinflusst wie Bereitstellungen künstlicher Lichtquellen. Sie haben in gewissem Umfang die Nacht zum

Tage gemacht, die Lebensweise der Menschen aus dem natürlichen Nacht-Tag-Rhythmus herausgelöst und somit zutiefst verändert. Diese Entwicklung erhielt einen entscheidenden Impuls durch die Erfindung der Glühlampe durch Thomas A. Edison[2]. Die herkömmlichen alltäglichen Lichtquellen, Lampen und Leuchtröhren, werden inzwischen zunehmend durch Leuchtdioden (›LEDs‹) ersetzt, erzwungen auch durch eine entsprechende Gesetzgebung der Europäischen Union, welche die energetische Effizienz bei der Lichterzeugung im Blick hat. Über ihren ursprünglichen Zweck der Beleuchtung von Innen- und öffentlichen Räumen ist die Lichttechnik weit hinausgewachsen. So weit, dass wir eher unter einer Lichtüberflutung durch Werbung, Unterhaltungsindustrie, Verkehr und Dekoration (man denke an die Lichtorgien zur Weihnachtszeit) leiden. Sehr bezeichnend für die umfassende Rolle der Lichterzeugung sind die Bilder, die von Satelliten aus von der nächtlichen Erde gemacht werden. Die wirtschaftlichen und industriellen Zentren dieser unserer Welt fallen zusammen mit den am hellsten beleuchteten Bereichen.

Ein anderes Produkt der Optoelektronik, der Halbleiter-Laser, bildet die Grundlage der optischen Datenspeicherung sowie der optischen Datenübertragung mittels Glasfasern in den modernen Datennetzen. Man denkt auch zunehmend an eine optische Signalübertragung innerhalb elektronischer Schaltungen. So ist die Optoelektronik zu einem der am schnellsten wachsenden Bereiche der Elektronik geworden. Aus noch zu behandelndem Grund ist

2 Thomas A. Edison (1847–1931), amerikanischer Erfinder, Elektroingenieur und Unternehmer, Erfinder der Glühbirne, des Phonographen, Verwirklichung des ersten Stromnetzes (in New York) zwecks Vermarktung ›seiner‹ Glühbirne.

das Silizium dafür ungeeignet, dieses Feld ist die Domäne der sog. III-V-Verbindungshalbleiter (Kapitel 5), die auch auf anderen Gebieten der Elektronik, wie der Leistungselektronik und der Verarbeitung hoher Frequenzen, Vorteile aufweisen können.

1.5 Leistungselektronik als entscheidende Komponente der technischen Transformation unserer Zeit: Siliziumkarbid als Halbleiter

In der Leistungselektronik geht es um elektronische Bauelemente und Schaltungen, welche es ermöglichen, elektrische Energie so umzuwandeln, dass damit Maschinen aller Art betrieben werden können: Elektroantriebe in Autos und Lokomotiven ebenso wie Heizungen, Chemieanlagen, Signalanlagen und Computer. Kurz, es geht darum, all das, was wir in unserer technischen Zivilisation mit elektrischer Energie betreiben, auch wirklich betriebsfähig zu machen. Ein für die Technikentwicklung wichtiges Bauelement war der ›Gleichrichter‹. Hochstromgleichrichter wurden beispielsweise in der Chemieindustrie für die Chlorelektrolyse benötigt. Nach diesen vergleichsweise bescheidenen Anfängen hat heute die Leistungselektronik eine überragende technische Bedeutung erlangt, damit einhergehend auch ein neues Halbleitermaterial, das Siliziumkarbid.

Die industrielle Transformation, die wir zurzeit erleben, ist ja gekennzeichnet durch den Abschied von den fossilen Brennstoffen Kohle, Öl und Gas als Energieträger. Letztlich wird diese Transformation auf Elektrizität als den dominierenden Energieträger hinauslaufen. Windkraft und Solarenergie, zum kleinen Teil auch Wasserkraft, sollen die fossilen Brennstoffe als Energiequelle ersetzen, alle verbunden mit der Erzeugung von Strom. Die Gewinnung dieser elektrischen Energie sowie deren Rückverwandlung in andere Energien für Antriebe, Heizung oder Batterien, all dies sind elektrotechnische Aufgaben der Leistungselektronik.

Viele der dafür benötigten Bauelemente und Schaltungen wurden bisher auf der Basis von Silizium fabriziert. Nun zeigt es sich aber bei vielen dieser Anwendungen, dass ein anderes Halbleitermaterial dafür wesentlich ökonomischer und oft auch technisch einfacher eingesetzt werden kann, nämlich das Siliziumkarbid SiC. Deshalb erfährt dieses Material und die damit verbundene Technologie derzeit rasante Zuwachsraten, ein industrielles Geschehen, dem etwa 3 Jahrzehnte Forschung und Entwicklung vorausgingen. Hier handelt es sich um den Fall, dass das Silizium zwar bisher gute Dienste geleistet hat und immer noch leistet, aber durch ein besseres, wenngleich technisch schwieriges Material ersetzt werden wird. Es sei an dieser Stelle schon erwähnt, dass dem Siliziumkarbid in Teilgebieten der Leistungselektronik seinerseits ein möglicher Konkurrent erwächst in Gestalt des Galliumnitrid. In den Kapiteln 6 und 7 wird dies alles näher behandelt.

1.6 Photovoltaik. Dickschicht- oder Dünnschichtsolarzellen, eine Frage der Materialien

Für ihre zukünftige nachhaltige, sprich CO_2-freie Energieversorgung setzt die Menschheit in starkem Maße auf die Photovoltaik, die Gewinnung von Strom aus dem Sonnenlicht. Derzeit wird der Photovoltaikmarkt vom Silizium dominiert; mehr als 90% des in der Welt produzierten ›Photostroms‹ stammt aus Silizium-Solarzellen. Dies ist aber nur ein weiteres Beispiel dafür, dass in der Technik das dominierende Material nicht notwendig das beste sein muss. Es mag manchen Leser überraschen, dass das so dominant verwendete Silizium ein Material ist, welches das Sonnenlicht ausnehmend schlecht absorbiert. Eine Si-Solarzelle muss daher verhältnismäßig dick sein, um das Sonnenlicht quantitativ zu absorbieren, es handelt sich um eine ›Dickschichtsolarzelle‹, die dementsprechend sehr viel Material benötigt. Andere Halbleiter wären in dieser Hinsicht um ein Vielfaches günstiger. Die Entwicklung solcher ›Dünnschichtsolarzellen‹ ist daher ein bedeutender Zweig der Photovoltaik-Forschung und setzt die Erforschung neuer Halbleitermaterialien voraus.

1.7 Neue Anwendungen und neue Fertigungsmethoden durch Organische Elektronik

Ein völlig neues Terrain wurde mit der Entdeckung der ›Organischen Elektronik‹ betreten, so neu, dass die Kenner der ›klassischen‹ elektronischen Materialien dieses nur mit Verblüffung zur Kenntnis nehmen konnten. Die organische Elektronik basiert auf Kunststoffen, ›Plastik‹, wie sie bisher allenfalls als Isoliermaterialien für elektrische Leitungen oder Elektrogeräte verwendet worden waren, also zu Zwecken, wo es gerade darauf ankommt, dass diese Materialien den Strom nicht leiten. Und plötzlich tat sich die Möglichkeit auf, elektronische Bauelemente auf dieser Basis zu fabrizieren, Gleichrichterdioden, Leuchtdioden, Solarzellen, Transistoren … Das Erstaunen über diese elektronischen Möglichkeiten eines Nichtleiters beruht freilich auf einem Missverständnis: Auch bei den ›klassischen‹ Halbleitern ist ihr für einen Halbleiter charakteristisches Leitfähigkeitsverhalten keine ›intrinsische‹ Eigenschaft, also eine Eigenschaft des Materials an sich, sondern sie erhalten es erst durch gewisse chemische Zutaten, durch ›Dotieren‹. Bei hinreichend tiefen Temperaturen sind sie intrinsisch sogar genauso Isolatoren wie ein Kunststoff. Insofern kann es nicht ganz so sehr erstaunen, dass ›intrinsische‹ Isolatoren wie Kunststoffe durch gewisse äußere Manipulationen Halbleitereigenschaften erhalten können. Chemische Zutaten, also das ›Dotieren‹, gehören auch dazu, wie bei den klassischen Halbleitern, wie aber auch ein weiterer Mechanismus, die Injektion von Ladungsträgern, die in Abschnitt 9.2 besprochen werden wird.

Die Verbindungshalbleiter eröffnen der Elektronik Anwendungsmöglichkeiten, die sich mit dem Silizium nicht erschließen. Das Siliziumkarbid zeigt elektronische Eigenschaften, die ihm im wichtigen, aktuellen Anwendungsfeld der Leistungselektronik einen beträchtlichen Vorteil gegenüber dem Silizium verschaffen. Etwas anders gelagert ist die Situation bei der Organischen Elektronik. Die auf der Basis organischer Materialien fabrizierten elektronischen Bauelemente sind in der Regel weniger leistungsfähig als diejenigen der klassischen Halbleiter, sie bieten aber Vorteile hinsichtlich der Fabrikationstechnik und der Anwendungsmöglichkeiten. Um einige solche Vorzüge zu nennen: Sie lassen sich preisgünstig als sehr großflächige Filmschichten herstellen – das kommt zum Tragen, wenn es um Bildschirme oder Solarzellen geht. Sie lassen sich auf gekrümmte oder flexible Substrate auftragen – das lässt z.B. an einen großflächigen aufrollbaren Bildschirm denken, der an einem Laptop angebracht ist. Oder integrierte Schaltungen müssen nicht mit den aufwändigen Methoden der Lithographie hergestellt werden, sondern können mithilfe von Druckmaschinen fabriziert werden. Außer der herkömmlichen Druckgraphik könnten Druckmaschinen dann preisgünstig elektronische Schaltungen drucken. So kommt es, dass sich frühzeitig auch die Druckmaschinen-Firmen für die organische Elektronik interessierten.

Die weiteren Entwicklungsarbeiten müssen sich darauf richten, Effizienz und Lebensdauer solcher organischen Bauelemente zu steigern. ›Lebensdauer‹ ist ein gewichtiges Thema, da organische Materialien, grob gesagt, weniger stabil gegenüber Feuchtigkeit, Strahlung und anderen Störfaktoren sind als die klassischen anorganischen Halbleiter.

1.8 Molekulare Elektronik. »Zurück zur Natur«

Die bisherige Technologie der logischen Schaltungen und Speicherzellen, welche die Grundlage für den Siegeszug der Computertechnik bildet bis hin zu den derzeit aufkommenden Konzepten der Künstlichen Intelligenz, ist also gekennzeichnet durch einen Miniaturisierungsprozess, bei welchem die gleichen Grundelemente wie Transistoren, Kondensatoren, Widerstände und Dioden durch eine im Grunde immer gleiche Strukturierungstechnik (die ›Fotolithographie‹) immer kleiner und kleiner gestaltet wurden bis herunter zu einer Grenze, die durch die Abmessungen der Atome gegeben ist. Man spricht in diesem Zusammenhang auch von einem ›Top down‹-Prozess, von einem Entwicklungsprozess von ›oben‹, d.h. von großen Abmessungen, nach ›unten‹, d.h. zu immer kleineren Abmessungen, bis hin zu atomaren Dimensionen, unter Verwendung der im Wesentlichen immer gleichen Komponenten, herunter skaliert zu immer kleineren Dimensionen, und unter Verwendung der prinzipiell immer gleichen Techniken wie der Fotolithographie.

Ein ganz anderer Weg zu atomaren Abmessungen elektronischer Bauelemente und elektronischer Schaltungen ist der als ›bottom up‹ bezeichnete Entwicklungsprozess. Bei dieser Vorgehensweise beginnt man mit Bausteinen von atomarer Dimension wie ›Nanoröhrchen‹, ›Fullerene‹, ›Polymerketten‹ und dergleichen, die dann zusammengesetzt werden zu elektronischen ›Geräten‹, sprich Schaltungen, mit elektronischer Funktion. Während also die durch das Mooresche Gesetz beschriebene Entwicklung schließlich bei Bauteilen von atomarer Dimension endet, geht man hier von Bausteinen atomarer Dimension aus, die zu komplexeren Funktionseinheiten zusammengesetzt werden, daher die Bezeichnung als ›Bottom up‹-Prozess im Unterschied zu dem oben skizzierten ›Top down‹-Prozess. Da die Grundbausteine molekulare Dimensionen haben, spricht man hier auch von ›Molekularer Elektronik‹. Bemerkenswert und neuartig ist daran insbesondere, dass die erwähnten molekularen Bausteine in der Regel nicht mehr aus Silizium und seinen Verbindungen bestehen, sondern aus Kohlenstoff-Verbindungen. Diese Entwicklung geht also in Richtung auf eine ›Kohlenstoffelektronik‹, mit ihren eigenen Anwendungsbereichen komplementär zur gegenwärtigen Siliziumelektronik. In gewisser Weise würde es sich dabei um eine Rückwendung zur Natur handeln. In natürlichen Systemen, bis hin zum menschlichen Gehirn, erfolgt die Kommunikation ja innerhalb von kohlenstoffbasierten ›Bauelementen‹. Während wir im Bereich der Energietechnik von einer ›Dekarbonisierung‹ als einer fundamentalen Transformation sprechen, würde es sich hier um eine ›Rekarbonisierung‹ handeln.

Es würde sich dabei nicht einfach um einen Wechsel des Materials handeln, sondern dieser müsste begleitet sein von einem kompletten Wechsel der ›Schaltungstechnik‹, also der Kopplung der Einzelelemente des Systems. Unser Gehirn als kohlenstoffbasiertes System arbeitet offenbar völlig anders als die Siliziumsysteme der aufkommenden

Künstlichen Intelligenz. Ein Beleg dafür ist der exorbitante Energieverbrauch der letzteren Systeme, der schon jetzt einen nennenswerten Beitrag zum Gesamtenergieverbrauch unserer Zivilisation liefert und der seine Kulmination findet in der Tatsache, dass man die riesigen Rechner für die Künstliche Intelligenz in Lappland errichtet, weil durch die kühle Umgebungstemperatur das Kühlungsproblem etwas erleichtert wird. Ein Faktum soll diesen exorbitanten Unterschied im Energieverbrauch noch illustrieren: Für das Institut für neuromorphes Rechnen der Universität Heidelberg[3], in welchem – stark vereinfacht gesprochen– das menschliche Gehirn in Siliziumtechnologie nachgebildet werden soll, wurden ursprünglich 20 Megawatt Energieverbrauch veranschlagt, welcher dann um den Faktor 10 reduziert wurde. Unser menschliches Gehirn verbraucht in vollem Betrieb etwa 20 Watt, also 100.000mal weniger. So sehr bei einem solchen Vergleich zu differenzieren wäre; der fundamentale Unterschied ist evident. Er beruht auf einer völlig unterschiedlichen ›Schaltungstechnik‹. Diese wiederum würde bedingt sein und ermöglicht durch die unterschiedlichen elektronischen und fabrikationstechnischen Möglichkeiten der zugrundeliegenden Materialien Kohlenstoff versus Silizium. Soweit zur ›Rekarbonisierung‹ einer zukünftigen Mikroelektronik!

Schon dieser kurze Blick auf die Grenzen des Siliziums als Halbleitermaterial deutet darauf hin, dass die weitere Entwicklung der Elektronik einhergehen muss mit der Erforschung und Erschließung neuer Materialien. Darin unterscheidet sich die Elektronik nicht von anderen Gebieten der Technik, deren Entwicklung häufig mit der Ver-

3 EINC *European Institute for Neuromorphic Computing* an der Universität Heidelberg.

besserung von vorhandenen und der Bereitstellung neuer Materialien verknüpft ist.

Von der Verbesserung bereits genutzter und der Erschließung neuer Halbleiter für die Elektronik handelt dieses Büchlein unter der das Geschehen kennzeichnenden Überschrift: »Silizium ist nicht alles!«

Kapitel 2
Was ist überhaupt ein Halbleiter?

Die Dominanz des Siliziums war keineswegs von Beginn der Halbleiterforschung an gegeben. Ausgangspunkt der Entwicklung waren experimentelle Befunde, die interessante, wichtige Anwendungen versprachen, wie vor allem der Gleichrichtereffekt, der auftritt in einem Kontakt zwischen einer Metallspitze und einem geeigneten Material. In Kapitel 3 wird die historische Entwicklung näher dargestellt. Dem Verständnis dieser Beobachtungen und der gezielten Suche nach geeigneten Materialien muss eine Klärung vorausgehen, welche physikalischen Eigenschaften eines Materials den Phänomenen zugrunde liegen. »Was macht eigentlich einen Halbleiter aus?« Diese Frage geht natürlich auch jeder Suche nach besseren und neuen Halbleitermaterialien voraus, wie sie sich auch heute noch angesichts der Grenzen des Siliziums immer neu ergibt.

2.1 Zum Begriff der ›Leitfähigkeit‹

Wenn wir in diesem Büchlein von einem ›Leiter‹ sprechen, sprechen wir von der Fähigkeit eines Materials, den elektrischen Strom zu leiten. In unserer technischen Welt ist diese ›Leitfähigkeit‹ ein jedermann geläufiges Phänomen. Überall verteilt in unserer Wohnung befinden sich Steckdosen. Zwischen deren zwei Polen liegt eine elektrische Spannung an, in Deutschland 220 Volt. Verbindet man die beiden Pole durch ein Kabel miteinander, so fließt durch die Verbindungsleitung ein Strom, gemessen in Ampere. Je höher die Leitfähigkeit des Kabelmaterials, desto höher der Strom.

Die unterschiedliche Leitfähigkeit unterschiedlicher Materialien wurde erstmals untersucht durch den Physiker Georg Simon Ohm[4]. Vielen Lesern dürfte der Name noch geläufig sein vom ›Ohmschen Gesetz‹. Ohm legte in seinen Untersuchungen an Drähte aus unterschiedlichen Materialien mit einer gewissen Länge L und einem gewissen Querschnitt Q eine Spannung U an und maß den Strom I, der dann in dem Draht floss.

Ohm verglich nun verschiedene Materialien miteinander. Legt man z.B. an einen Draht (oder Stab) von gegebener Länge und Querschnitt eine gewisse Spannung U an und beobachtet sodann einen großen Strom, so spricht man von einem guten Leiter, also großer Leitfähigkeit, beobachtet man bei gleichen Abmessungen des Drahtes und gleicher Spannung nur einen kleinen Strom, so hat man es mit einem Material geringer Leitfähigkeit zu tun.

Bei diesem Vergleich stellt sich nun heraus, dass die Materialien sich in der Tat extrem stark unterscheiden. Genauer gesagt ist es so: In keiner Eigenschaft unterscheiden sich die verschiedenen Materialien so stark wie in ihrer

4 Georg Simon Ohm (1789–1854), Physiker, zunächst Lehrer, ab 1849 Professor für Experimentalphysik an der Universität München. Erforscher des elektrischen Stroms und galvanischer Effekte. Sohn eines Schlossermeisters, dessen Haus heute noch in Erlangen zu sehen ist.

elektrischen Leitfähigkeit, der Fähigkeit also, den elektrischen Strom zu leiten. Das folgende Diagramm gibt eine kleine Zusammenstellung der elektrischen Leitfähigkeit von Materialien. Die elektrische Leitfähigkeit wird in der Einheit Siemens/Meter gemessen.

Material	Ag	Cu	NiCr	GaAs	Si	Glas	Teflon	Quarz
(S/m)	6×10^{7}	$5{,}8 \times 10^{7}$	10^{6}	$10^{-5} - 10^{4}$	$10^{-1} - 10^{5}$	10^{-9}	$< 10^{-13}$	$1{,}3 \times 10^{-18}$

Tabelle 2.1 Elektrische Leitfähigkeiten diverser Materialien

Bemerkenswert an dieser Zusammenstellung ist die außerordentliche Bandbreite der elektrischen Leitfähigkeiten. Diese Bandbreite erstreckt sich über fast 26 Zehnerpotenzen, entsprechend also Unterschieden um den Faktor 100.000.000.000.000.000.000.000.000 in der Leitfähigkeit. Silber (Ag) und Kupfer (Cu) sind Metalle, Galliumarsenid (GaAs) und Silizium (Si) sind Halbleiter, Teflon ist ein vielfach genutzter Kunststoff, er ist, wie auch Glas und Quarz, ein Isolator. Die Metalle leiten den Strom sehr gut, haben also eine hohe Leitfähigkeit, Glas, Teflon und Quarz sind Isolatoren, leiten also den Strom sehr schlecht, und Galliumarsenid (GaAs) und Silizium (Si) stehen dazwischen, insofern tragen sie ihre Bezeichnung ›Halbleiter‹ zu Recht, sie sind sozusagen ›halbgute‹ Leiter. GaAs und Si sind in der Tabelle 2.1 genannt als Beispiele, zwei von vielen, dieser Materialklasse der Halbleiter.

Die Bezeichnung ›Halbleiter‹ dürfte in der Tat darauf zurückzuführen sein, dass es sich sozusagen um ›halbgute‹ Leiter handelt, deren Leitfähigkeit irgendwo zwischen den sehr guten Leitern, den Metallen, und den sehr schlechten Leitern, den Isolatoren, liegt. Das darf aber nicht darüber hinwegtäuschen, dass die elektrische Leitfähigkeit dieser

Materialklasse sich nicht nur quantitativ von derjenigen der Metalle unterscheidet, sondern auch qualitativ in zwei Eigenschaften, die ihre Eignung für die Elektronik erst wirklich begründen und daher an dieser Stelle kurz angesprochen werden müssen.

Die eine dieser Eigenschaften wird schon augenfällig beim Blick auf die Tabelle 2.1 der Leitfähigkeiten. Während nämlich bei den Metallen und den schlechten Leitern konkrete Werte angegeben sind, die zwar geringfügig abhängen von Reinheit und ›Qualität‹ der Materialien, ist für die beiden exemplarisch angegebenen Halbleiter Silizium und Galliumarsenid eine weite Spanne von Werten angegeben, die sich über mehrere Zehnerfaktoren erstreckt (9 beim GaAs, 6 beim Si). Das liegt daran, dass von einer ›Leitfähigkeit des Si‹ oder ›Leitfähigkeit des GaAs‹ gar nicht gesprochen werden kann, und zwar deshalb nicht, weil diese Leitfähigkeit in extremer Weise von kleinsten chemischen Zusätzen abhängt, seien es Verunreinigungen, also unabsichtlich vorhandene Stoffe, oder absichtlich eingebrachte Stoffe, um so eine technisch gewünschte Leitfähigkeit einzustellen. Die Leitfähigkeit der Halbleiter ist also keine ›intrinsische‹ Eigenschaft des betreffenden Materials, sondern eine ›extrinsische‹, d.h. durch ›Fremdatome‹ (also Zusätze von Fremdstoffen) bedingte Eigenschaft. Dies geht so weit, dass die intrinsische Leitfähigkeit dieser Materialien gar nicht beobachtet werden kann, da man diese auch nach neuestem Stand der Technik nicht in der erforderlichen Reinheit herstellen kann. Immer dominiert die durch Restverunreinigungen verursachte extrinsische Leitfähigkeit.

Die elektrische Leitfähigkeit eines Halbleiters lässt sich also in weiten Grenzen gezielt einstellen durch Zugabe geeigneter Fremdatome. Der Terminus technicus für die gezielte Einbringung von Fremdatomen zwecks Einstellung der Leitfähigkeit lautet ›Dotierung‹. Als erste definierende Eigenschaft eines Halbleiters wollen wir also festhalten:

Eigenschaft 1: Die elektrische Leitfähigkeit von Halbleitern lässt sich in weiten Grenzen einstellen durch ›Dotieren‹.

Hinzu tritt aber noch eine weitere Besonderheit, welche die Halbleiter von anderen Materialien unterscheidet, nämlich die folgende:

Eigenschaft 2: Je nach chemischer Natur der eingebrachten Fremdstoffe, also der ›Dotierung‹, können in einem Halbleitermaterial zwei unterschiedliche Arten von elektrischer Leitfähigkeit erzeugt werden. Bei Vorliegen des einen Typs spricht man von einem ›n-Halbleiter‹ (n steht für *negativ*), im anderen Fall von einem ›p-Halbleiter‹ (p steht für *positiv*).

Gerade diese Eigenschaft 2 mag für den fachfremden Leser zunächst recht technisch klingen. Nur so viel sei an dieser Stelle gesagt: Diese Möglichkeit der Einstellbarkeit zweier Typen von Leitfähigkeit (›p-leitend‹ oder ›n-leitend‹) ist ausschlaggebend für die Nutzbarkeit der Halbleiter als Grundmaterialien der Elektronik insofern, als viele der gängigen elektronischen Bauelemente, wie Transistor, Gleichrichter, Solarzelle oder Leuchtdiode, gerade auf dieser Möglichkeit beruhen.

Dieser Sachverhalt beruht auf folgendem Umstand: Die genannten elektronischen Bauelemente, wie auch andere mehr, setzen sich zusammen aus n-dotierten und p-dotierten Bereichen. Die Grenzschicht zwischen zwei solchen Bereichen nennt man einen pn-Übergang. Die entscheidenden elektronischen Vorgänge solcher Bauelemente spielen sich in den pn-Übergängen ab. Einige Beispiele gängiger Bauelemente sollen dies illustrieren. Auf die jeweilige Funktionsweise soll hier nicht eingegangen werden.

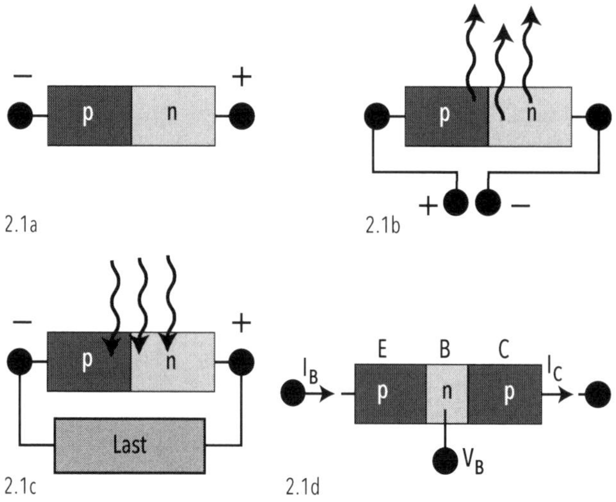

Bild 2.1: Elektronische Bauelemente, basierend auf einem pn-Übergang
2.1a: Gleichrichter: lässt einen Strom nur in einer Richtung durch
2.1b: Leuchtdiode: Fließt ein Strom durch den pn-Übergang, so entsteht Licht im Bereich um die Grenzfläche zwischen p- und n-Bereich.
2.1c: Solarzelle: Fällt Licht (Sonnenlicht) auf den pn-Übergang und seinen Nachbarbereich, so entsteht ein Strom, welcher als ›Last‹, z. B. für Wärmeerzeugung oder Antrieb einer Maschine, genutzt werden kann.
2.1d: Bipolartransistor: Zwei pn-Übergänge hintereinander dienen zur Steuerung von Strömen. Der in den Emitter E eingeleitete Strom I_E kommt als veränderter Strom I_C aus dem Kollector C heraus, in seiner Größe gesteuert durch die an die Basis B angelegte Spannung V_B.

Es gibt Fälle von Materialien, die von ihren elektronischen Eigenschaften her an sich gut geeignet wären als Materialien für elektronische Bauelemente, bei denen es aber nicht gelingt, die beiden Sorten der Leitfähigkeit gezielt und kontrolliert herzustellen. Ein Schulbeispiel ist der Diamant: Diamant hat die gleiche Kristallstruktur wie das

Silizium, nur besteht er statt aus Siliziumatomen aus Kohlenstoffatomen. Auch in weiteren Eigenschaften ähnelt er dem Silizium. Aber es gelingt nicht, in kontrollierter Weise n-leitende Diamanten herzustellen. So bleibt es denn dabei, dass Diamanten besser für Schmuckstücke als für Transistoren eingesetzt werden, wofür freilich auch die Herstellungskosten sprechen!

2.2 Anmerkung zum Zustandekommen zweier Arten von Leitfähigkeiten in einem Halbleiter: der n-Leitfähigkeit und der p-Leitfähigkeit

Da die oben aufgeführte Eigenschaft 2 grundlegend für die Funktionen eines Halbleiters ist, mag es auch für den fachfremden Leser hilfreich sein, sie hier noch kurz näher zu erläutern, und zwar exemplarisch am Beispiel des Siliziums.

Jedes Atom eines Kristalls stellt eine gewisse Anzahl seiner Elektronen für den Zusammenhalt des Kristalls zur Verfügung, also für die ›chemische Bindung‹; dies sind die ›Valenzelektronen‹. Für ein Element der 4. Gruppe des Periodensystems sind dies 4 Elektronen. Dotiert man das Silizium nun mit einem Atom, welches über 5 Valenzelektronen verfügt (also mit einem Element der 5. Gruppe, z.B. Phosphor), so ersetzt dieses ein Siliziumatom, stellt also ein Elektron mehr bereit, als für die chemische Bindung erforderlich ist. Dieses ›überflüssige‹ Elektron kann sich dann frei im Kristall bewegen und steht somit als Ladungsträger für den Strom zur Verfügung. Dieses durch Dotieren eingebrachte und für die chemische Bindung nicht benötigte Elektron ist also für die Stromleitung zuständig, es ist ein ›Leitungselektron‹ im Unterschied zu einem Valenzelektron. Da das Elektron negativ geladen ist, spricht man von einem ›n-Leiter‹.

Dotiert man hingegen mit einem Element wie dem Bor, das nur 3 Valenzelektronen hat (also einem Element der 3. Gruppe), und setzt sich dieses auf einen Siliziumplatz, so fehlt nun ein Elektron im elektronischen Bindungsgefüge, es ist ein ›Loch‹ im elektronischen Bindungsgefüge entstanden. Dieses Loch kann nun von Atom zu Atom wandern. Ein fehlendes Elektron bedeutet eine fehlende negative Ladung, es ist plausibel, dass eine fehlende negative Ladung wie eine positive Ladung wirkt, die nun für den Stromtransport zur Verfügung steht. Da dieser Strom also von positiven Ladungsträgern getragen wird, spricht man von einem p-Leiter.

Man erkennt an diesem Beispiel des Siliziums, wie je nach Art der Dotierung (Element der 5. oder der 3. Gruppe des Periodensystems) ein n-Leiter oder ein p-Leiter entsteht. Der entsprechende Gedankengang lässt sich auf andere Halbleiter übertragen.

2.3 Über die Temperaturabhängigkeit der Leitfähigkeit von Halbleitern

An eine Grenze der Brauchbarkeit des Siliziums stößt man bereits, wenn man die Temperaturabhängigkeit der Leitfähigkeit von Halbleitern betrachtet. Schon in der Frühzeit der Beschäftigung mit Halbleitermaterialien war eine Besonderheit aufgefallen, welche die Halbleiter grundlegend von den Metallen unterscheidet, abgesehen von der oben besprochenen weiten Variierbarkeit der Leitfähigkeit durch Dotieren. Diese Besonderheit, die Anlass zu viel Kopfzerbrechen über den Mechanismus der Leitfähigkeit der Halbleiter gab, liegt in deren Temperaturabhängigkeit. Während nämlich die Leitfähigkeit der Metalle mit steigender Temperatur abnimmt, was dazu führt, dass ein erhitzter Draht eine wesentlich geringere Leitfähigkeit hat als der gleiche Draht bei Zimmertemperatur, ist es bei Halbleitern gerade umgekehrt: Deren elektrische Leitfähigkeit nimmt mit steigender Temperatur sogar sehr stark zu. Dieser bemerkenswerte, eigentlich bei keinen anderen Materialien zu beobachtende Umstand hängt mit der im vorangehenden Abschnitt 2.2 besprochenen Tatsache zusammen, dass es in einem Halbleiterkristall zwei Sorten von Elektronen gibt, zum einen die ›Valenzelektronen‹, die in die Struktur des Kristalls eingebunden sind und den chemischen Zusammenhalt des Kristalls bewirken, zum anderen die ›Leitungselektronen‹, die sich im Kristall frei bewegen können und daher einen Stromtransport, also eine elektrische Leitfähigkeit ermöglichen. Es wird dort beschrieben, wie durch Dotieren entweder ein p-leitender oder n-leitender Halbleiter entsteht, die extrinsische Leitfähigkeit entsteht also durch Einbringung eines geeigneten Dotanten in den Kristall. Daraus würde man schließen, dass ein völlig undotierter Halbleiterkristall keinerlei elektrische Leitfähigkeit zeigt, also isolierend ist, da ihm die frei beweglichen Leitungselektronen und die ›Löcher‹ fehlen. Streng genommen ist dies aber nur bei sehr niedrigen Temperaturen gültig. Erhöht man nämlich die Temperatur, so fangen die Atome des Kristalls an zu schwingen, und zwar umso heftiger, je höher die Temperatur ist. Diese Schwingungsenergie kann auf die Valenzelektronen übergehen und dazu führen, dass diese aus dem Kristallgefüge befreit und zu freien Elektronen werden. So entsteht eine elektrische Leitfähigkeit. Je höher die Temperatur, desto mehr Energie steht für diesen ›Befreiungsvorgang‹ zur Verfügung, desto mehr freie Elektronen entstehen, es kommt zu einer starken (genauer gesagt ›exponentiellen‹) Zunahme der elektrischen Leitfähigkeit. Da diese Leitfähigkeit nicht durch Dotierung, also nicht durch die Einbringung von Fremdatomen, sondern durch die thermische ›Befreiung‹ der eigenen Bindungselektronen des Kristalls entsteht, spricht man von einer ›intrinsischen‹ Leitfähigkeit oder ›Eigenleitfähigkeit‹ des Halbleiters.

In einem wichtigen Punkt unterscheidet sich diese ›intrinsische‹ Leitfähigkeit von der ›extrinsischen‹, also durch Dotierung herbeigeführten Leitfähigkeit. Je nach chemischer Natur des Dotanten entsteht, wie erläutert, entweder ein ›p-leitender‹ oder ein ›n-leitender‹ Halbleiter. Das Bemerkenswerte an der thermisch erzeugten intrinsischen Leitfähigkeit ist nun, dass dadurch beides zugleich entsteht: eine p-Leitung wie eine n-Leitung; es entsteht eine Leitfähigkeit, die auf der Existenz von gleich vielen positiven wie negativen frei beweglichen Ladungsträgern basiert. Wenn nämlich durch die thermische Energie ein Elektron aus dem Kristallgefüge herausgelöst wird, bleibt ein Loch im elektronischen Kristallgefüge zurück, also ein Ladungsträger für die p-Leitung. Dadurch, dass dieses Elektron nach seiner Anregung zu einem freien Elektron wird, entsteht aber zugleich eine n-Leitung. Durch thermische Anregung entstehen also vom Prinzip des Vorgangs her immer gleich viele positive wie negative freie Ladungsträger, in diesem Sinne wird der Halbleiter nicht ›p-leitend‹ oder ›n-leitend‹, sondern beides zugleich. Diese Tatsache wird in Kapitel 6, wenn es um Versagen elektronischer Bauelemente bei höheren Temperaturen geht, eine zentrale Rolle spielen.

Kapitel 3
Die Entdeckung der Halbleiter

Im vorangehenden Kapitel hatten wir die charakteristischen Eigenschaften eines Halbleiters beschrieben: Die Leitfähigkeit beruht auf dem Einbau von Fremdatomen. Je nach Art der Fremdatome liegt ein n-Halbleiter oder ein p-Halbleiter vor. Lange war es ungewiss, ob Materialien dieser Art überhaupt existieren, und wenn ja, welche.

Der Begriff ›Halbleiter‹ dürfte zurückgehen auf J. Königsberger und J. Weiss, die in ihrer Arbeit über Thermoelektrische Effekte[5] in den *Annalen der Physik* 1911 von »Halbleitern« sprechen und dabei u.a. auf Eisenoxydul, interessanterweise aber auch schon auf Silizium Bezug nehmen. Es gab freilich zunächst noch viel Verwirrung hinsichtlich der Materialien, die als Halbleiter gelten sollten, sogar Verwechslungen zwischen Ionen- und Elektronenleitung, eine Verwirrung, die im Wesentlichen auf die starke Abhängigkeit der Leitfähigkeit von der Reinheit und kristallographischen Perfektion der Proben zurückzuführen ist. Jede Probe war daher anders, was den großen Physiker und Theoretiker Wolfgang Pauli[6] zu seiner berühmten und vielzitierten Aussage verleitete: »Man sollte sich mit Halbleitern nicht beschäftigen, das sind Dreckeffekte«.[7]

Eine solche Feststellung des großen Gelehrten konnte die Kollegen freilich nicht davon abhalten, sich weiter mit der Thematik ›Halbleiter‹ zu befassen. Angetrieben wurde dieses Bemühen zum einen natürlich durch wissenschaftliche Neugier, zum anderen aber auch durch praktische,

5 Königsberger 1911.
6 Wolfgang Pauli (1900–58), österreichischer Theoretischer Physiker, ein Pionier der Quantenmechanik, Nobelpreis für Physik 1945.
7 Pauli an Peierls (29. Sept. 1931), in: Pauli 1931.

anwendungsnahe Interessen. Eine solche Triebfeder war das Aufkommen der drahtlosen Telegraphie und des Radioempfängers. Das über die Antenne aufgenommene Radiosignal ist eine elektromagnetische Welle, also eine Wechselspannung, die für den Empfang gleichgerichtet werden muss. Ein solcher Gleichrichtungseffekt war schon 1874 von Ferdinand Braun[8] entdeckt worden. Das von ihm untersuchte System bestand aus einer Metallspitze, die auf gewisse polykristalline Schwefelverbindungen aufgesetzt wurde. Falls man durch Herumstochern auf dem polykristallinen Material zufällig eine günstige Stelle erwischte, kam man in den Genuss seines Radioempfangs. Der Autor dieses Büchleins erinnert sich noch an Erzählungen seines technisch interessierten Großvaters aus den 1920er Jahren über solche Stocherversuche und das freudige Erfolgserlebnis, das sich gelegentlich einstellte. Immerhin ergab sich aus der Fragestellung, wie ein solcher Punktkontakt zwischen einem Metall und gewissen Kristallen zu einem Gleichrichtereffekt führen könne, ein Ansatz für ein tieferes Verständnis eben der ›Halbleiter‹. Es bedurfte freilich noch vieler Jahre theoretischer und experimenteller Bemühungen, oft fehlgeleitet durch falsche theoretische Vorstellungen oder schlechte Materialqualität, bis schließlich Walter Schottky 1938/39 zu einem grundlegenden und abschließenden Verständnis des Vorgangs kam.[9] In seinen diesbezüglichen Arbeiten behandelt Schottky die Vorgänge in einem Punktkontakt, bestehend aus einer Metallspitze und dem Material Kupferoxydul. Entscheidend in unserem Kontext ist es, dass die auch experimentell gut bestätigte

8 Ferdinand Braun (1850–1918), Physiker und Elektrotechniker, Nobelpreis 1909 zusammen mit Marconi für seine Entdeckungen auf dem Gebiet der drahtlosen Nachrichtentechnik.

9 Schottky 1938 und Schottky 1939.

Theorie Schottkys wesentlich auf der Vorstellung beruhte, dass es sich bei dem Kupferoxydul um einen Halbleiter handelte im Sinne der in Abschnitt 2.1 gegebenen Definition (Definierende Eigenschaften 1 und 2). In der Tat konnten nämlich die Vorgänge im Punktkontakt zwischen Metall und Kupferoxydul in der Weise verstanden werden, dass – je nach Präparation des Kupferoxyduls – entweder negativ geladene freie Ladungsträger, also Elektronen, oder positiv geladene freie Ladungsträger, also ›Löcher‹, existierten. Diese Existenz zweier Arten von Stromleitung, basierend entweder auf dem Fluss negativer (›n-Leitung‹) oder positiver Ladungsträger (›p-Leitung‹), abhängig von der Präparation, macht ja gerade das entscheidende, definierende Merkmal eines Halbleiters aus. Damit war die Existenz von Halbleitern im Sinne der in den Abschnitten 2.1 und 2.2 gegebenen Vorstellung erwiesen. Man kann sagen, dass Schottkys Arbeiten über den Sperrschichteffekt den Beginn der systematischen Erforschung und Erprobung der Halbleitermaterialien darstellten.

Auf der Suche nach Materialien, die für die technische Anwendung als Gleichrichter geeignet waren, war einmal mehr der ›Krieg der Vater aller Dinge‹, denn in dem für Radar maßgeblichen Wellenlängenbereich (Zentimeterwellen) erwies sich bald das Silizium als besonders geeignet für die benötigten Gleichrichter, die sog. ›Kristalldetektoren‹[10]. Gefördert wurde die Entdeckung und Entwicklung der Halbleitermaterialien zusätzlich dadurch, dass zur Anwendung in Radio, drahtloser Telegraphie und Radar noch

10 Bevor man dank fortschreitender Verbesserung der Qualität der verwendeten Siliziumschichten zu dieser Erkenntnis gelangte, waren bevorzugte Materialien Pyrit (FeS_2), Bleiglanz (PbS) und Korund (SiC). Bemerkenswert, dass hier erstmals das SiC als Halbleiter in Erscheinung tritt, das erst sehr viel später zu Ruhm und Ehre gelangen sollte (s. Kapitel 6 und 7).

weitere technische Entwicklungen hinzutraten, die einen Gleichrichter erforderten.

Ganz allgemein ergibt sich die Notwendigkeit für die Gleichrichtung von elektrischem Strom daraus, dass der Strom in der Regel als Wechselstrom erzeugt und als Wechselstrom übertragen wird, aber viele Anwendungen Gleichstrom erfordern. Besonders seien hier Elektrolyse und Galvanotechnik genannt. Bei diesen großtechnischen Anwendungen müssen große Ströme und Spannungen gehandhabt werden, deshalb spricht man in diesem Zusammenhang von ›Leistungsgleichrichtern‹. In der Geschichte der Leistungsgleichrichter kommt zunächst dem Selengleichrichter eine besondere technische Bedeutung zu. Es stellte sich heraus, dass die Verwendung des Halbleiters Germanium – nachdem dessen Herstellung in ausreichender Reinheit und Kristallqualität ermöglicht war – die Handhabung sehr viel höherer Ströme und Spannungen gestattete als das Selen. Schließlich führte aber auch die Entwicklung der Leistungshalbleiter zum Silizium hin. Grund dafür war, dass Germanium schon bei recht niedrigen Temperaturen von ca. 80 °C seinen Dienst versagt, dass der Siliziumgleichrichter aber noch bei beträchtlich höheren Temperaturen funktioniert, wie sie in der Technik durchaus auftreten können. (s. dazu Kapitel 6).

Rückblickend lässt sich sagen, dass die Entdeckung der Halbleitermaterialien von Schottkys Theorie des Sperrschichteffektes ihren Ausgang nahm in dem Sinne, dass diese einerseits von einer klaren Vorstellung dessen ausging, was ein Halbleiter sei, zum anderen aber auch klare und nachprüfbare Aussagen machte zum elektrischen Verhalten eines Systems, bestehend aus einem Metall im Kontakt mit einem ›echten‹ Halbleiter. In diesem Zusammenhang fielen in der Folge der Erforschung der Gleichrichter Namen wie *Kupferoxydul*, *Selen*, *Germanium* und *Silizium*, als Materialien, die die definierenden Eigenschaften eines Halbleiters zeigten.

Generell bleibt festzuhalten, dass die Identifizierung dieser und weiterer Halbleiter zwangsläufig einhergehen musste mit einer steten Verbesserung der Techniken zur Herstellung reinster Materialien. Da die elektronischen Eigenschaften von Halbleitern, wie erläutert, bestimmt sind von Fremdstoffen in diesen Materialien, also sog. ›extrinsische‹ Eigenschaften sind, können die Halbleitereigenschaften überhaupt nur erforscht werden, indem von einer genügend reinen Grundsubstanz ausgehend die Wirkung von Dotierstoffen untersucht wird. Ist die Grundsubstanz nicht rein genug, so überdeckt die Wirkung der ungewollten Fremdatome, also der Verunreinigungen, diejenige der zu untersuchenden Dotierstoffe, jede Materialprobe verhält sich je nach Reinheitsgrad anders. Dies war ja der Grund für die schwierige Erforschung von Halbleitereigenschaften, die den großen Wolfgang Pauli zu der eingangs dieses Kapitels zitierten Feststellung veranlasste, man möge sich mit Halbleitern gar nicht befassen, man sähe ja nur »Dreckeffekte«.

Ein wichtiges allgemeines Verfahren zur Gewinnung immer reinerer Materialien beruht auf der Kristallisation der betreffenden Stoffe. Sehr häufig ist es so, dass bei der Kristallisation einer Schmelze die Verunreinigungen weitgehend in der flüssigen Phase zurückbleiben, während das auskristallisierte Material wesentlich reiner ist. Unter Ausnutzung dieses Phänomens konnten viele Halbleiterkandidaten erstmals in bisher nicht erreichter Reinheit hergestellt werden.[11]

11 Dieses verbreitete Phänomen zeigt sich insbesondere auch beim Wasser und ist daher auch dem Laien wohlbekannt. Bekanntlich ist das Eis auf dem Meerwasser wesentlich ›süßer‹ als das Meerwasser

Auf die Anwendung dieses Verfahrens auf Silizium in Gestalt des sog. Zonenschmelzens (oder ›Zonenziehens‹) als eines der beiden Hoch-Reinigungsverfahren für Silizium kommen wir in Abschnitt 4.3 zurück. Das Zonenschmelzen ist mit dem Namen William Gardner Pfanns[12] verbunden, der es in den Laboratorien der *Bell Telephone Company* 1950/51 zunächst für das Germanium entwickelte.

Im Rückblick auf die Entdeckungs- und Entwicklungsgeschichte der Halbleiter kann man feststellen, dass in den Jahren nach Ende des Zweiten Weltkriegs entscheidende Meilensteine erreicht und wichtige Weichen gestellt wurden. Nach der intensiven kriegsbedingten Fokussierung auf die Anwendung des ›Kristalldetektors‹ im Empfänger des Radarsystems konnten nun die dort gewonnenen Erfahrungen auf weitere elektronische Fragestellungen verallgemeinert werden. Insbesondere hatte es sich so ergeben, dass die ›Elementhalbleiter‹ Germanium und Silizium als aussichtsreichste Träger dieser Entwicklung erkannt wurden. Während aber zum Beispiel noch die bahnbrechende Erfindung des Transistors an einem Germaniumkristall gemacht wurde, setzte sich im Wettbewerb dieser beiden Materialien schließlich das Silizium durch. Ein wesentlicher Grund dafür war, dass sich das Silizium, wie weiter oben schon erwähnt, als weniger empfindlich gegen Temperaturerhöhungen erwies, wie sie sich im Betrieb eines Bauelements bei höheren Strömen und Spannungen zwangsläufig entwickeln, wie sie aber auch im technischen

selbst. Das Salz bleibt beim Gefrieren (also dem ›Kristallisieren‹) mit hohem Anteil im Meerwasser zurück.

12 William Gardner Pfann (1917–82) arbeitete in der Gruppe von William B. Shockley bei *Bell Labs* und trug wesentlich zur Entdeckung des Transistors bei.

Betrieb von Chemieanlagen, Turbinen und anderen Antrieben vielfach auftreten bzw. benötigt werden. So kam es also zu dem Siegeszug des Siliziums. Dieser erstreckt sich freilich nicht auf alle Anwendungsfelder der Elektronik. Die Gründe für die hervorgehobene Bedeutung des Siliziums in wichtigen Bereichen der Technik sind Gegenstand von Kapitel 4. Andere Anwendungsbereiche begünstigen andere Halbleiter oder machen diese sogar zwingend erforderlich; dies wird in den darauf folgenden Kapiteln abgehandelt.

Kapitel 4
Silizium, der dominierende Halbleiter

Die dominante Stellung des Siliziums unter den Halbleitermaterialien beruht auf einigen recht elementaren Eigenschaften.

Silizium kann, wie in Abschnitt 2.2 beschrieben, durch ›Dotierung‹ wahlweise p-leitend oder n-leitend gemacht werden, ist also in der Tat ein Halbleiter.

Angesichts seiner Bedeutung für die Halbleitertechnik trifft es sich gut, dass Si ein sehr häufiges Element ist. Es ist nach dem Sauerstoff mit einem Anteil von 26% das zweithäufigste Element der Erdkruste. Es kommt dabei in der Natur nicht als elementares Silizium vor, sondern in Form von Mineralien, am häufigsten in Form von Quarz. Quarz wiederum tritt in verschiedenen Erscheinungsformen auf, die schönen weißen Strände unter Palmen bestehen aus Quarzsand; in Höhlen in den Bergen findet man zuweilen große, schöne Kristalle aus Quarz, den sog. ›Bergkristall‹. Es sind keine giftigen Eigenschaften bekannt, und, last but not least, es kann mit akzeptablem Aufwand in der für die Halbleitertechnologie erforderlichen Reinheit hergestellt werden. In der Tat macht die entsprechende Fertigungstechnik Silizium zum reinsten heute verfügbaren Material.

4.1 Ein fränkisches Schlösschen als Geburtsstätte der Siliziumtechnologie

Als der Autor dieses Büchleins nach seinem Eintritt in die zentralen Forschungslaboratorien der *Siemens AG* in Erlangen erstmals die Fränkische Schweiz erkundete, kam er auch in das Städtchen Pretzfeld und stieß dort zu seinem Erstaunen auf eine *Walter-Schottky-Straße*, benannt nach dem großen Physiker und Festkörpertheoretiker, sowie auf eine *Siemens-Straße*. Das Erstaunen über die Technik-Affinität der Franken legte sich erst, als ich herausfand, dass es mit Pretzfeld in der Tat eine besondere Bewandtnis hat:

Bild 4.1a Schloss Pretzfeld, Geburtsstätte des Siemensprozesses (mit freundlicher Genehmigung des *Siemens Archivs*)

Es ist die Geburtsstätte des ›Siemensprozesses‹, des Prozesses also, nach welchem bis auf den heutigen Tag in aller Welt das Reinstsilizium für die Elektronik hergestellt wird. Ort dieser Erfindung ist das altehrwürdige Schloss dort, ein eher unwahrscheinlicher Ort für eine solche bahnbrechende Entwicklung im Bereich der Technik! Wie kam es dazu?

Die Entwicklung des Siemens-Prozesses ist verbunden mit den Namen von Walter Schottky[13] und Eberhard Spenke[14]. Als der Zweite Weltkrieg sich dem Ende näherte, verließen diese zusammen mit anderen Siemens-Forschern wegen der ständigen Bombardierungen Berlin und kamen so nach Pretzfeld, wo Schottky seinen Wohnsitz nahm. In freien Räumlichkeiten des dortigen Schlosses (Bild 4.1a) wurde 1946 ein Laboratorium eingerichtet, in dem ein kleines Team unter Leitung von Spenke mit Arbeiten zum Halbleiter Silizium begann. Bemerkenswert ist, dass dieser für technologische Zwecke offensichtlich nicht prädestinierte Ort bis zum Jahre 2002 für die Entwicklung von sog. Leistungselektronik auf der Basis von Silizium genutzt wurde! Es wäre ein Ausdruck von Geschichtsbewusstsein gewesen, ihn als Erinnerungsort im Firmenbesitz zu erhalten.

Es ist an dieser Stelle der Erwähnung wert, dass in dieser frühen Phase der Halbleitertechnologie zwei Entwicklungsschwerpunkte in der Welt hervorzuheben sind:

13 Walter Schottky (1886–1976), einer der Pioniere der Festkörper-, insbesondere der Halbleiterphysik. Nach Promotion bei Max Planck und Start in eine Universitätslaufbahn wechselte er zu *Siemens*. Zunächst an der Entwicklung der Elektronenröhre beteiligt, wandte er sich den Halbleitern zu.

14 Eberhard Spenke (1905–92), Physiker, enger Mitarbeiter von Schottky in der Siemens-Halbleiterforschung.

die *Bell Labs* in Murray Hills[15] und die *Siemens AG* am Standort Pretzfeld. So wurde beispielsweise ein wichtiges universelles Verfahren zur Reinstdarstellung von Halbleitern, das Zonenschmelzen, in den Jahren 1950/51 durch William Gardner Pfann in den *Bell Labs* entwickelt und das bis auf den heutigen Tag maßgebliche Verfahren zur Reinstdarstellung des Siliziums, der ›Siemens-Prozess‹, in der Forschungsgruppe um Walter Schottky und Eberhard Spenke in Pretzfeld. *Siemens* hat viel Geld verdient durch die Lizenzeinnahmen dieses Verfahrens aus aller Welt. Bild 4.1b legt ein Zeugnis ab von dem ebenbürtigen und zugleich von Freundschaft unter Wissenschaftlern geprägten Wettbewerb zwischen den beiden Forschungsstätten, das dem Leser nicht vorenthalten werden soll.

Bild 4.1b J. Bardeen, W. Schottky, W. H. Brattain in Pretzfeld 1954. J. Bardeen und W. Brattain erhielten zusammen mit W. Shockley 1956 den Nobelpreis für Physik. W. Schottkys Name ist verbunden mit weiteren bedeutenden Entdeckungen und Entwicklungen der Festkörperphysik und der *Siemens*-Forschung, s. dazu auch Kapitel 3 (mit freundlicher Genehmigung des *Siemens Archivs*)

15 Die Forschungslaboratorien der *Bell Telephone Company*, später *AT&T*, eine ruhmreiche Forschungsstätte, an die insgesamt 10 Nobelpreise gingen.

4.2 Herstellung von Reinstsilizium nach dem Siemens-Prozess

Silizium wird aus Sand, also SiO_2, gewonnen, das es sprichwörtlich gibt wie Sand am Meer. In einem Lichtbogenofen wird bei hoher Temperatur in einem Gemisch aus SiO_2 und Koks das Siliziumoxid zu elementarem Silizium reduziert gemäß der Reaktion[16]:

$$SiO_2 + 2C \rightarrow Si + 2CO$$

Aus dem Siliziumoxid, dem Sand, wird also elementares Silizium. Das so entstandene ›metallurgische Silizium‹ wird zu vielerlei technischen Zwecken genutzt, in der Bauindustrie speziell für die Zementherstellung, für die technische Keramik u.a.m. Mit seinem Gehalt an Verunreinigungen von 1–2 % ist dieses Material für elektronische Zwecke noch völlig untauglich. Die eigentliche Reinigung für elektronische Zwecke erfolgt über einen ›Umweg‹: Dazu wird das metallurgische Silizium in eine flüssige Siliziumverbindung, das Trichlorsilan, umgewandelt, dieses wird anschließend hochgradig gereinigt, dann wird aus dem hochreinen Trichlorsilan das nunmehr hochreine Silizium zurückgewonnen.[17] So entsteht ein Silizium mit einer Reinheit besser als 10^{-9}, d.h., in dem so gewonnenen Material ist höchstens noch eines von einer Milliarde Atomen ein Fremd-, ein Verunreinigungsatom.

16 In der aktuellen Klimadiskussion wird häufig auf industrielle chemische Prozesse verwiesen, bei denen CO_2 anders entsteht als durch Verbrennung, die also auch durch Umsteigen auf alternative Energien nicht entfallen. Dieses ist ein solcher: Aus dem CO wird CO_2 durch Reaktionen in der Atmosphäre.

17 Für Eingeweihte: Das metallurgische Silizium reagiert mit Salzsäure zu dem flüssigen Trichlorsilan ($SiHCl_3$). Dieses wird in Destillationskolonnen hochgradig gereinigt. Das reine Trichlorsilan wird dann durch Erhitzen wieder in Si und Salzsäure zerlegt, ein hochreines Silizium bleibt zurück.

4.3 Herstellung von Einkristallen

Das so gewonnene hochreine Silizium liegt in ›polykristalliner‹ Form vor. ›Polykristallin‹ heißt, dass die Substanz zwar fest (nicht flüssig oder gasförmig), aber aus Kristalliten unterschiedlicher Kristallorientierung[18] zusammengesetzt ist. Für elektronische Zwecke freilich werden ›Einkristalle‹ benötigt, da die elektronischen Eigenschaften von der Kristallorientierung abhängen. Ein wesentlicher Bestandteil jeder Halbleitertechnologie, ob auf der Basis des Si oder anderer Materialien, ist also die Kristallzüchtung, eine ›Wissenschaft für sich‹, die in ihrer Bedeutung für die Technik oft unterschätzt wird.

Der vorherrschende Kristallzüchtungsprozess im Fall des Siliziums ist der ›Czochralski-Prozess‹ (Bild 4.2a), ein verbreiteter Prozess zur Herstellung von Einkristallen.

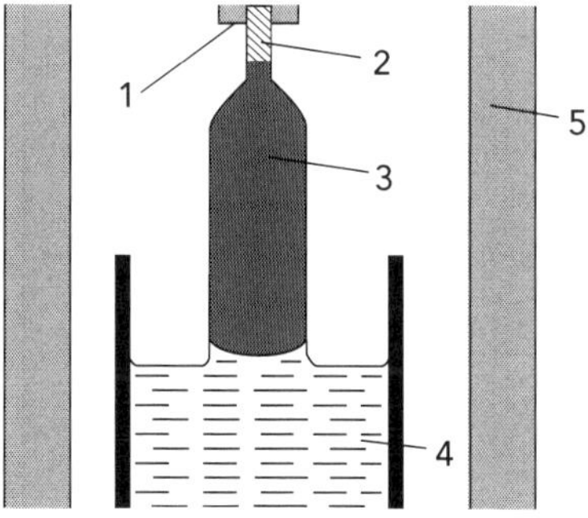

Bild 4.2a Czochralski-Verfahren. 1 Kristallhalterung, 2 Keim und Kristallhals, 3 Kristall mit Enddurchmesser, 4 Quarztiegel, 5 Stütztiegel

18 Für Kenner: In einem Kristall sind die Atome entlang gewisser Achsen im Raum angeordnet, der sog. Kristallachsen. Besteht ein Festkörper aus vielen ›Kristalliten‹ mit unterschiedlicher räumlicher Ausrichtung seiner Kristallachsen, bezeichnet man ihn als ›polykristallin‹, anderenfalls als ›einkristallin‹.

Dabei wird ein Kristallkeim, also ein kleiner Einkristall, in eine Siliziumschmelze eingetaucht und langsam herausgezogen. Die Ziehgeschwindigkeit bestimmt den Durchmesser. Der dünne Kristallhals spielt eine Rolle zur Erlangung hoher kristalliner Perfektion. An den Keim wachsen dann Schicht für Schicht weitere einkristalline Bereiche heran, es entsteht so ein großer Einkristall. Aus diesen Kristallen werden schließlich dünne Scheiben, die sog. ›Wafer‹ herausgeschnitten, auf denen dann die Bauelemente, z.B. integrierte Schaltungen für Speicherzellen oder Prozessoren, aufgebaut werden.

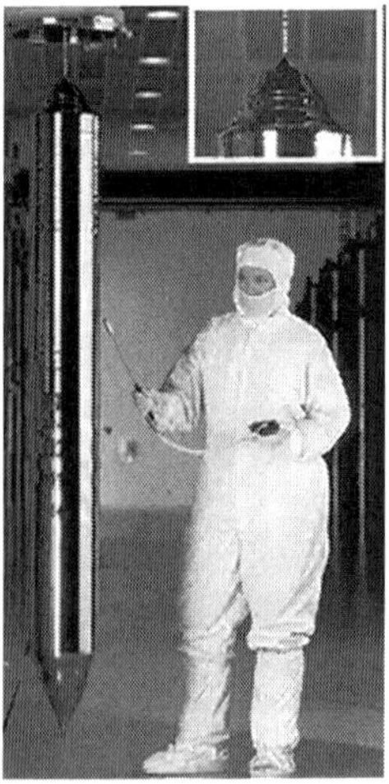

Bild 4.2b Si-Einkristall auf dem aktuellen Stand der Technik (von http://www.tf.uni-kiel.de). Man beachte den extrem dünnen Hals oben (s. a. Bildausschitt oben rechts)

In der industriellen Produktion werden heute Scheiben von bis zu 30cm Durchmesser eingesetzt, 40cm-Scheiben sind schon lange angekündigt, bereiten aber offenbar weiterhin Probleme. Die Herstellung dieser Scheiben in der gebotenen geometrischen Perfektion stellt einen wesentlichen Teil der Wertschöpfung dar. Die Wafer müssen aus dem Kristall mit sog. Drahtsägen herausgesägt werden (wie Wurstscheiben aus der Wurst), dann werden sie geschliffen, durch eine Markierung am Rand wird die Richtung der Kristallachsen angezeigt, dann wird die Scheibe poliert. Das Endprodukt, der in der Produktion von Si-Schaltungen eingesetzte Wafer, hat eine Ebenheit von einem Nanometer, das ist ein Millionstel mm. Eine solche Perfektion ist verlangt, da die auf diesen Scheiben aufgebauten elektronischen Bauelemente ihrerseits Abmessungen von wenigen Nanometern haben.[19]

Im Zusammenhang mit der Einkristallzüchtung von Silizium nach dem Czochralski-Verfahren sei auf eine generelle Problematik bei der Herstellung von Halbleiterkristallen hingewiesen, die angesichts der Bedeutung der Reinheit des Materials für die Technologie von erheblicher Bedeutung ist: Bei der Kristallzüchtung kommen das Ausgangsmaterial und der wachsende Kristall in der Regel mit einem Tiegel in Kontakt. Im Fall des Siliziums (Bild 4.2a) ist dies ein Quarztiegel (bestehend also aus SiO_2). Durch Diffusion bei der hohen Schmelztemperatur dringt Sauerstoff aus dem Quarz in die hochreine Schmelze ein, eventuell auch andere Verunreinigungen. Generell kann man sagen: Da der Tiegel aus einem anderen Material besteht und in der Regel weniger rein ist als das eigentliche Halbleitermaterial, wird er zu einer Quelle von Verunreinigungen. Im Fall des Siliziums landet der in die Schmelze eingedrungene Sauerstoff schließlich teilweise in dem wachsenden Kristall. Die Handhabung des Sauerstoffs in den Silizium-Einkristallen und -wafern ist ein nicht un-

19 Um die unglaubliche Perfektion dieser Scheiben zu verdeutlichen, mache man sich klar, dass eine Ebenheit von 10^{-9} m auf der Waferfläche einer Ebenheit von 0,003 mm eines Fußballfeldes entsprechen würde.

erheblicher Bestandteil der Silizium-Materialtechnologie. Generell wirft die Auswahl des Tiegelmaterials bei der Herstellung von Einkristallen für die Halbleitertechnik immer Probleme der Reinheit auf.

Für das Silizium liegt ein Sonderfall vor insofern, als es ein konkurrierendes Verfahren zum Czochralski-Prozess gibt, bei dem der Einkristall durch Umkristallisation eines freistehenden, also tiegelfreien polykristallinen Materialzylinders erzeugt wird, das sog. Zonenziehen, der Tiegel wird hier also vollständig vermieden. Das Verfahren wird für Anwendungen eingesetzt, bei welchen es auf Reinheit ganz besonders ankommt und die beim Czochralski-Prozess auftretende Verunreinigung mit Sauerstoff störend ist. Es funktioniert übrigens ›tiegelfrei‹ nur für das Silizium. Auch ein Vorzug des Siliziums, der ein Stück zu seiner Sonderstellung beiträgt!

Ein Abstecher in die Industriegeschichte und -politik: Si-Wafer am Anfang der Lieferkette von Chips

Halbleiterchips sind heutzutage nicht nur eine wichtige Komponente der Industrie, sie sind ein strategisches Produkt im Wettstreit der Systeme geworden. Probleme mit der Lieferkette sind ein alltägliches Thema in den einschlägigen Medien. Am Anfang der Lieferkette steht das Reinstsilizium. Schon bald nach der Erfindung des Siemens-Prozesses setzte sich die Erkenntnis durch, dass die Herstellung von Reinstsilizium eine Aufgabe für die damals sehr starke Chemieindustrie in Deutschland war. Diese Aufgabe wurde dann 1953 von der *Wacker-Chemie* übernommen, die bald auch die Produktion von Kristallscheiben übernahm.

Die *Wacker Chemie AG* ist heute noch einer der großen Hersteller auf dem Weltmarkt von polykristallinem Reinstsilizium. Von *Wacker* spaltete sich später die heutige Firma *Siltronic AG* ab, die sich der Waferproduktion aus dem Reinstsilizium widmet. Die *Siltronic AG* ist heute der weltweit drittgrößte Lieferant von Silizium-Wafern. Zu einem Thema der großen Industriepolitik wurde diese Gegebenheit, als 2020 *Siltronic* an eine taiwanische Elektronikfirma verkauft werden sollte. 2022 intervenierte die Bundesregierung und verweigerte ihre Zustimmung zu diesem Geschäft unter Berufung auf strategische Gesichtspunkte, also letztlich unter Berücksichtigung der Lieferkettenproblematik. Man hört selten von solchen strategischen Anwandlungen unserer Bundesregierung!

Mit Recht wird als ein Teil der vielbesprochenen Lieferkettenproblematik unserer Wirtschaft beklagt, dass die Halbleiterindustrie weitgehend nach Asien und USA abgewandert ist. Umso bemerkenswerter, dass sich ein bedeutender Materialhersteller für elektronisches Silizium in Deutschland hat halten können. Es ist an dieser Stelle vielleicht von Interesse zu bemerken, dass dies auch für die wichtigsten anderen Halbleitermaterialien gilt. So ist einer der führenden Lieferanten auf dem Weltmarkt für Wafer der Verbindungshalbleiter (Kapitel 5) die Firma *Compound Materials FCM* in Freiberg (Sachsen) und ein führender Lieferant für den Halbleiter Siliziumkarbid (Kapitel 6 und 7) die *SiCrystal AG* in Nürnberg.

4.4 Integrierte Schaltungen, das Mooresche Gesetz

Die wohl bedeutendste und erstaunlichste Errungenschaft der Si-Technologie ist die extreme Miniaturisierung elektronischer Schaltungen. Sie bildet die Grundlage für die Entwicklung immer komplexerer elektronischer Systeme und ist wohl die Schlüsseltechnologie unserer technischen Zivilisation. Man muss sich klarmachen, dass heute die in einem Mobiltelefon installierte Rechenleistung[20] größer ist als diejenige in einem schrank- oder zimmergroßen Computer, wie er etwa in der Zeit der ersten Mondlandung 1969 zum Einsatz kam. Diese dramatische Entwicklung beruht auf der Idee der ›integrierten Schaltung‹.

Ein elektronischer Schaltkreis ist ein System aus elektronischen Bauelementen wie Transistoren, Kondensatoren und Widerständen, die durch Verbindungsleitungen so zusammengeschaltet sind, dass sie eine bestimmte elektronische Funktion erfüllen. Der häufig in Verbindung mit der Beschreibung des Stands der Technik genannte ›Schaltkreis‹ ist die Speicherzelle, also die Basiseinheit des Computergedächtnisses. Andere Anordnungen von Si-Bauelementen ermöglichen logische Funktionen, wie, um ein Beispiel zu nennen, ein Inverter: Gibt man in diesen eine 0 hinein, so erscheint am Ausgang eine 1, und umgekehrt. Derartige logische Schaltungen sind in einem Prozessor enthalten, das ist ein Schaltkreis, der Befehle wie z.B. eine Rechenaufgabe empfangen und ausführen kann.

Ein ›integrierter Schaltkreis‹ ist ein solcher, in dem nicht alle Bauelemente einzeln als diskrete Bauteile miteinander verschaltet, sondern in großer Anzahl auf einem wenige Quadratzentimeter großen Stück Halbleitermaterial, einem ›Chip‹, vereinigt sind und in einem gemeinsamen Prozessschritt hergestellt wurden. Die Größe eines solchen Chips ist etwa 10cm^2. Die ›Komplexität‹ solcher integrierter Schaltkreise, also die Zahl der Bauelemente auf einem Chip, hat sich von wenigen Bauelementen bis hin zu vielen Milliarden entwickelt. Eine gängige Methode, die Komplexität eines integrierten Schaltkreises zu beschrei-

20 ›Rechenleistung‹ soll hier in einem verallgemeinerten Sinne verwendet werden und Elemente der Datenspeicherung, der Funktionssteuerung etc. einschließen.

ben, ist der ›Transistor-Count‹, bei dem einfach die Zahl der Transistoren auf einem Chip angegeben wird. Das ist insofern ein sinnvolles Maß, als der Transistor ein wesentlicher, typischer Bestandteil elektronischer Schaltungen ist. Durch die fortschreitende Miniaturisierung hat die Zahl der Bauelemente und damit der ›Transistor-Count‹ mit der Zeit in überaus spektakulärer Weise zugenommen. Beschrieben wird dieser zeitliche Zuwachs durch das berühmte ›Mooresche Gesetz‹.

Es ist benannt nach Gerald Moore, einem der Pioniere des Silicon Valley und Mitgründer der Firma *Fairchild*. Im Jahre 1968 gründete er zusammen mit Andy Grove und Robert Noyce die Firma *Intel*, heute einer der größten Mikroelektronik-Konzerne der Welt.[21]

Das von Moore formulierte ›Gesetz‹ gibt den Sachverhalt wieder, dass die Komplexität integrierter Schaltkreise sich etwa alle zwei Jahre verdoppelt, wobei die ›Komplexität‹ beispielsweise über den Transistor-Count, aber auch in einem anderen Maß gemessen werden kann, etwa durch Angabe der ›Strukturgröße‹, also der kleinsten Struktur im Bauplan der elektronischen Bauelemente.[22]

Es ist evident, dass die beiden Angaben ›Transistor-Count‹ und ›Strukturgröße‹ einander entsprechen: Je mehr Transistoren auf einem Chip untergebracht werden sollen, umso kleiner müssen die Strukturen der elektronischen Schaltungen sein.

21 Gerald Moore starb am 24. März 2023 im Alter von 94 Jahren, zu seinem Lebensweg s.a. https://siliconsemiconductor.net/article/116407/newsletter (30.7.2025).

22 Anmerkung für Kenner: Als kleinste Strukturgröße galt lange die sog. Gatelänge des Transistors, heute wird als kleinste Strukturgröße vielfach der kleinste Abstand zweier Leiterbahnen auf dem Chip angegeben.

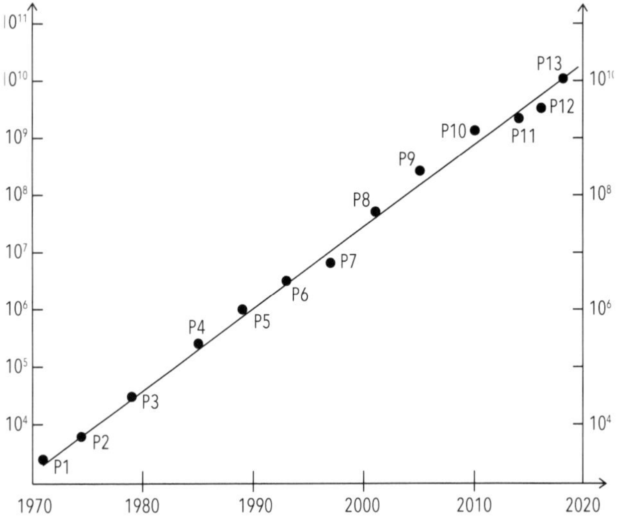

Bild 4.3 Zeitliche Entwicklung des ›Transistor-Count‹. Die durchgezogene Linie entspricht einem Verlauf nach dem Mooreschen Gesetz mit einer Verdopplungszeit von 2,2 Jahren. Die Daten entstammen einer Liste von Prozessoren bei Wikipedia unter »transistor counts«. P1–P10: typische INTEL-Prozessoren, P11–P13: typische Apple-Prozessoren.

Moore hat sein ›Gesetz‹ im Jahre 1975 formuliert. Es mag erstaunlich scheinen, dass diese Gesetzmäßigkeit, noch in der Anfangszeit integrierter Schaltungen formuliert, sich über nunmehr fünf Jahrzehnte hinweg bewährt hat. Ehe man freilich gar zu sehr ins Grübeln über ein dahinterstehendes geheimnisvolles Naturgesetz gerät, sollte man sich klarmachen, dass es sich in gewissem Umfang um eine ›selbsterfüllende Prophezeiung‹ handelt. Im Laufe der Zeit wurde das Mooresche Gesetz für die großen industriellen Akteure wie auch für die große Zahl der Zulieferfirmen zur Grundlage der *Roadmap*, an welcher sie ihre Zeitpläne und ihre Strategie orientierten.

Die *International Technology Roadmap of Semiconductors* (ITRS), erstellt von der *Semiconductor Industries Association* (SIAS), beschreibt die dem Mooreschen Gesetz entsprechende Entwicklung durch Auflistung der zu erreichenden ›Technologieknoten‹ (*technology nodes*), welche der kleinsten Strukturgröße entsprechen. Die folgende Tabelle zeigt die im Verlauf der Jahre erreichten ›Technologieknoten‹:

Jahr	1985	1999	2002	2007/08	2010	2019	2020
Technologie-knoten/nm	1000	180	90	45	32	7	2

Tabelle 4.1 (nm = nanometer)

Im Zentrum der komplexen Technologie steht ein lithographisches Verfahren. Dazu wird zunächst mithilfe eines Elektronenstrahls eine Maske geschrieben, durch diese hindurch wird dann ein Bild der im nächsten Produktionsschritt zu erstellenden Struktur (Leiterbahnen, Elektroden, ›Transistorgates‹ etc.) auf die Halbleiterscheibe, den ›Wafer‹, projiziert, der mit einem lichtempfindlichen ›Photolack‹ bedeckt ist. Dieses Bild wird entwickelt und dient als Vorlage für die Herstellung der jeweiligen Bauelementstruktur. Wegen der Komplexität der zu übertragenden Strukturen setzt sich der beschriebene Prozess aus vielen Einzelbelichtungen zusammen, jede dient der Erstellung einer Teilstruktur des Chips. Die Produktion eines Chips kann an die 500 derartige Einzelschritte erfordern.

Eine Besonderheit, welche das Silizium als Halbleitermaterial begünstigt, ist an dieser Stelle hervorzuheben: Die Bauelemente einer integrierten Schaltung sind durch metallische Leiterbahnen miteinander verbunden, ansonsten durch isolierende Bereiche voneinander getrennt. In der Si-Technologie bestehen diese isolierenden Bereiche aus Siliziumdioxid (SiO_2), das immer wieder als Teil der Prozesskette hergestellt und strukturiert werden kann, indem die Siliziumscheibe Sauerstoff ausgesetzt wird, der dann in der Reaktion

$$Si + O_2 \rightarrow SiO_2$$

das Silizium zu SiO_2 oxidiert. Für das Funktionieren der Schaltungen ist die ›Qualität‹ dieses SiO_2 entscheidend, wobei mit ›Qualität‹ hier die Reinheit des Materials wie auch die Freiheit von Strukturfehlern gemeint ist. Strukturfehler sind Atome auf dem falschen Platz oder ihr Fehlen auf dem richtigen Platz, wie sie bei der Herstellung jedes Materials entstehen.

Ein großer Vorzug des Siliziums ist die Verfügbarkeit eines Oxids, das auf relativ einfache Weise in hoher Qualität und als gleichmäßige Schicht hergestellt werden kann. Die wenigsten Halbleitermaterialien weisen diesen Vorzug auf.

4.5 Lithographie für immer kleinere Strukturen

Zu guter Letzt sei im Zusammenhang mit den integrierten Schaltungen auf eine Entwicklung hingewiesen, die für den Fortschritt bei der Miniaturisierung ausschlaggebend und geschwindigkeitsbestimmend war: die Entwicklung der Lichtquellen und der Optik für den Basisprozess der ›Lithographie‹.

Im Zuge der fortschreitenden Miniaturisierung müssen immer feinere Strukturen durch Belichtung von der Maske auf den Halbleiter übertragen werden. Dem Fortschreiten zu immer feineren Strukturen bei diesem Vorgang ist aber in jeder Stufe eine physikalische Grenze gesetzt durch das sog. ›Abbé-Limit‹. Im Zuge seiner Überlegungen zum Auflösungsvermögen des Mikroskops kam der große Optiker Ernst Abbé[23] der *Zeiss-Werke* schon im 19. Jahrhundert zu der Erkenntnis, dass die Größe der Strukturen, die bei einer optischen Abbildung übertragen werden können, ungefähr der Wellenlänge des verwendeten Lichtes entspricht.[24] Wenn wir also fragen, welche Strukturen lithographisch mit welchen Lichtquellen realisiert werden können, müssen wir uns an die zugehörigen Wellenlängen erinnern: Unser Auge ist empfindlich im ›sichtbaren‹ Wellenlängenbereich 700 nm–400 nm. Größere Wellenlängen entsprechen dem ›infraroten Spektralbereich‹, kürzere Wellenlängen bis herunter zu etwa 100 nm dem ›ultravioletter Spektralbereich‹. Wenn also die bei der Lithographie verwendete Lichtquelle eine Wellenlänge im sichtbaren Bereich des Spektrums hat, z.B. 430 nm, so lassen sich damit Strukturen von einigen Hundert Nanometern Größe schreiben, kleinere nicht. Im Zuge des Fortschritts zu immer kleineren Strukturen mussten also für die Lithographie Lichtquellen von immer kürzeren Wellenlängen bereitgestellt werden.

Bis herunter zu Strukturgrößen (sprich ›Technologieknoten‹, s. Tabelle 4.1) von etwa 250 nm war das die Quecksilberlampe, dann musste ein gewaltiger Technologiesprung zu den kurzwelligen Lasersystemen, den sog. ›Excimer-‹ bzw. ›Exciplexlasern‹, erfolgen, die Wellenlängen bis hinunter zu 157 nm[25] bereitstellen konnten. In neuester Zeit ist

23 Ernst Abbé (1840–1905), Physiker, Entwickler optischer Instrumente zusammen mit Carl Zeiß und Otto Schott.

24 Für Kenner: Nach Abbé ist die kleinste optisch übertragbare Struktur gegeben durch $d = k\lambda/NA$, wobei λ die Wellenlänge des verwendeten Lichts, NA die numerische Apertur und k ein von apparativen Gegebenheiten, z.B. dem verwendeten Linsensystem abhängiger Faktor ist, üblicherweise zwischen 0,4 und 0,5.

25 Für Kenner: 157 nm ist die Wellenlänge des F_2-Excimerlasers.

die Technologie zu Strukturgrößen fortgeschritten, die sogar zu kurz für die Excimer- und Exciplexlaser sind, es geht aktuell um Wellenlängen kürzer als 100 nm. Dies ist der Wellenlängenbereich der sog. ›weichen Röntgenstrahlung‹, auch ›Extremes Ultraviolett EUV‹ genannt. Als jüngst, im Jahr 2019, der ›Technologieknoten‹ 7 nm, dann im Jahr 2020 der von 2 nm erreicht wurde (s. Tabelle 4.1), kam ein komplett neues Belichtungskonzept zum Tragen, das die Erzeugung einer Strahlung von 13,5 nm ermöglicht. Sie wird erzeugt in einem Plasma aus Zinn-Ionen, das seinerseits durch Pulse eines extrem starken Kohlendioxidlasers produziert wird. Realisiert wird dieses Wunderwerk der Technik in der Weise, dass zunächst ein unablässiger Strom von winzigen Zinntröpfchen erzeugt wird, die aus einer kleinen Kanüle herausfallen und dann im Fallen vom Lichtpuls eines Kohlendioxid-Lasers getroffen werden. Dieser heizt das Zinntröpfchen auf zu einem Plasma, welchem dann ein Blitz der Wellenlänge 13,5 nm entweicht. Tontaubenschießen ist ein Kinderspiel dagegen! Angesichts der Tatsache, dass die Fabrikation integrierter Schaltungen vollständig von asiatischen Firmen dominiert wird, sei angemerkt, dass diese Technologie der ›Soft X-ray‹-Lichtquelle für die Lithografie unter wesentlicher Beteiligung der deutschen Firmen *Zeiss und Trumpf*[26] entwickelt wird.

Abgesehen von den technischen Herausforderungen stößt das Mooresche Gesetz auch aus physikalischen Gründen derzeit an seine Grenzen. Diese Grenze ist gegeben durch die Größe der Atome! Die Strukturgröße 2 nm, die im Jahr 2020 erreicht wurde,[27] entspricht dem 7fachen

26 Die *Trumpf Lasersystems for Semiconductor Manufacturing GmbH* ist eine renommierte Firma zur Herstellung von Lasern für die industrielle Produktion.

27 IBM 2021.

des Abstandes zweier Atome im Silizium-Kristall, eine solche Struktur besteht also nur noch aus wenigen Atomen. Es ist evident, dass die Technik sich damit den kleinstmöglichen Strukturen überhaupt nähert. Dennoch geht die Entwicklung von Chips weiter, wir sind im Zeitalter der integrierten Schaltungen *beyond Moore* angekommen![28] Der Fortschritt zu immer leistungsfähigeren integrierten Schaltungen wird dabei nicht über eine weitere Miniaturisierung erreicht werden, sondern über neue Verschaltungskonzepte von Bauelementen, übrigens auch über die Nutzung der dritten Dimension, der Tiefe des Wafers. Die bisherigen ›Chips‹ beruhen ja auf einer ›planaren Technologie‹, d.h. sie entstehen durch einen Aufbau ›Schicht für Schicht‹ auf einem Silizium-Wafer, wobei der aktive Bereich der Schaltung im Wesentlichen aus einer Schicht von ca. 1 µm besteht, die auf einem Silizium-Substrat von ca. 100 µm Dicke aufgetragen ist.

Zusammenfassend können wir also festhalten, dass verschiedene Eigenschaften und technologische Möglichkeiten dem Silizium zu seiner Sonderstellung in der Elektronik verholfen haben:

- die Verfügbarkeit des Elements Si
- ein handliches und extrem wirksames Reinigungsverfahren
- die Möglichkeit zur Herstellung großer, nahezu perfekter Einkristalle und ausgefeilte Methoden des ›Waferings‹ sowie,
- last but not least, die Existenz eines stabilen, flächendeckenden und weitgehend fehlerfreien Oxids.

28 Sandia 2017.

Seine Dominanz im Bereich der integrierten Schaltungen wird dem Silizium auch weiterhin eine überragende Bedeutung verleihen, die im Zeitalter der Künstlichen Intelligenz eher noch zunehmen wird.

Ganz darf freilich nicht aus dem Auge verloren werden, dass möglicherweise die sichtbar werdenden Grenzen der Miniaturisierung die Entwicklung in eine ganz andere Richtung drängen werden. Darauf wird in Kapitel 10: Molekulare Elektronik eingegangen.

Kapitel 5
›Nachbildungen‹ des Siliziums, die III-V-Verbindungshalbleiter[29]

5.1 Struktur und elektronische Eigenschaften der III-V-Halbleiter

Die Erfindung der III-V-Verbindungshalbleiter reicht zurück in die frühen 50er Jahre des vergangenen Jahrhunderts, in eine Zeit, als die Entscheidung für das Silizium als wichtigstem Halbleiter noch gar nicht gefallen war. Die III-V-Verbindungshalbleiter wurden eher wahrgenommen als eine weitere Möglichkeit bei der Suche nach geeigneten Materialien für eine zukünftige Halbleiter-basierte Elektronik. So jedenfalls wurde es gesehen in den *Siemens-Forschungslaboratorien*, wo diese Suche ihren Anfang nahm.[30] Dort, in den *Siemens-Forschungslaboratorien* in Erlangen, wurden die III-V-Verbindungshalbleiter erfunden, also in dem gleichen wissenschaftlichen Umfeld wie der Sie-

29 Lies: Drei-fünf-Verbindungshalbleiter.
30 Handel 1999.

mens-Prozess. Das diesbezügliche Patent stammt aus dem Jahr 1951. Erfinder war Heinrich Welker[31], gleichfalls – wie Walter Schottky – einer der großen Namen der *Siemens*-Forschungsgeschichte.

Während es sich bei den Halbleitern Silizium und Germanium um chemische Elemente handelt, sind die Verbindungshalbleiter – daher der Name – chemische Verbindungen. Die Bezeichnung ›III-V-Verbindungen‹ rührt von der Tatsache her, dass ein Partner der Verbindung der 3., der andere der 5. Gruppe des Periodensystems angehört. Für den mit den Grundlagen der Chemie vertrauten Leser ist die Situation in Tabelle 5.1 dargestellt. Sie zeigt einen Ausschnitt aus dem Periodensystem der Elemente um die 3., 4. und 5. Gruppe herum:

Gruppe III	Gruppe IV	Gruppe V
Bor B	Kohlenstoff C	Stickstoff N
Aluminium Al	Silizium Si	Phosphor P
Gallium Ga	Germanium Ge	Arsen As
Indium In	Zinn Sn	Antimon Sb

Tabelle 5.1 Ausschnitt aus dem Periodensystem der Elemente

Ein Beispiel für einen III-V-Halbleiter ist das aus Ga (Gruppe III) und As (Gruppe V) gebildete Galliumarsenid (GaAs). Ausgangspunkt für die Überlegungen Welkers, dass es sich bei den III-V-Verbindungen um Halbleiter wie das Sili-

31 Heinrich Welker (1912–81), Entdecker der III-V-Halbleiter, 1961–77 Leiter der Zentralen Forschung der *Siemens-Schuckertwerke*, später, nach Zusammenlegung von *Siemens Schuckert* und *Siemens Halske*, der gesamten *Siemens AG*. Präsident der *Deutschen Physikalischen Gesellschaft* 1978–79.

zium handle, ist die offensichtliche Ähnlichkeit der Kristallstrukturen dieser Substanzen mit derjenigen des Siliziums und Germaniums. Diese geht z.B. aus Bild 5.1 hervor, in welchem die Elementarzelle des Siliziums (Si) und die des Galliumarsenids (GaAs) im Vergleich dargestellt sind.

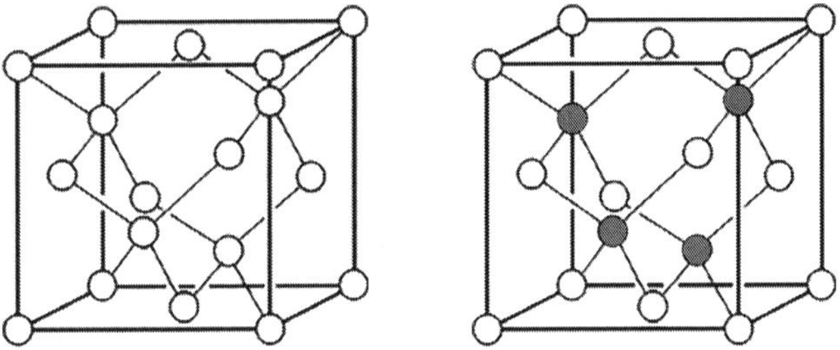

5.1a 5.1b

Bild 5.1a,b Elementarzelle des Siliziums und des Galliumarsenid

›Elementarzelle‹ bedeutet, dass man sich den Gesamtkristall aus diesen Bausteinen aufgebaut denken kann. Betrachten wir zunächst die Elementarzelle des Siliziums: Sie ist würfelförmig und zu beschreiben als ein Arrangement von Siliziumatomen derart, dass jedes Siliziumatom von 4 Si-Nachbaratomen in regelmäßiger Anordnung[32] umgeben ist. Ganz ähnlich ist das Galliumarsenidgitter aufgebaut: Da, wo im Siliziumgitter ein Atom sitzt, sitzt auch eines beim Galliumarsenid, aber ›abwechselnd‹ ein Galliumatom und ein Arsenatom. Man sieht unmittelbar, dass in diesem Fall jedes Galliumatom (dunkel gezeichnet) von 4 Arsen-

32 Die ›regelmäßige Anordnung‹ lässt sich so beschreiben: Die vier Nachbarn eines jeden Atoms sitzen in den Ecken eines Tetraeders.

atomen umgeben ist und jedes Arsen-Atom von 4 Galliumatomen in der gleichen regelmäßigen Anordnung.

Heinrich Welkers Überlegungen beschränkten sich nicht auf diesen äußerlichen Vergleich der Kristallstrukturen, sondern gingen fundamentaler von der von Linus Pauling[33] formulierten Theorie der chemischen Bindung aus, wobei er von bekannten Eigenschaften der Elemente der 3. und 5. Gruppe nicht nur auf die Kristallstruktur der III-V-Verbindungen, sondern auch auf deren Halbleiter-Charakter schloss. Die Erkenntnis, dass es sich um Halbleiter handeln müsse, und die Ähnlichkeit der Strukturen mit derjenigen des Siliziums, veranlassten Welker dazu, von »Nachbildungen« des Siliziums zu sprechen.

Aus Welkers Entdeckung ergab sich ein ganzes Panoptikum neuer Halbleiter. Anhand von Tabelle 5.1 ergibt sich leicht, dass sich durch Kombinieren der Elemente der 3. Gruppe (B, Al, Ga, In) und der 5. Gruppe (N, P, As, Sb) insgesamt 16 III-V-Verbindungen (Halbleiter!) bilden lassen, wie AlN, AlSb, GaN, GaAs und InP, um nur einige der wichtigsten zu nennen. Für diese wurden interessante elektronische Eigenschaften vorausgesagt, aber auch technische Möglichkeiten, über welche das Silizium überhaupt nicht verfügt.[34]

Das Anwendungspotenzial der III-V-Halbleiter wird entscheidend noch dadurch erweitert, dass auch Mischkristalle gebildet werden können. Das bedeutet zum Beispiel,

33 Linus Pauling (1901–94), amerikanischer Chemiker, Nobelpreis für Chemie 1954 für seine Arbeiten zur Natur der chemischen Bindung. Aufklärung der Struktur verschiedener Proteine, gilt auch als Entdecker der Ursache der Sichelzellenanämie. 1962 erhielt er den Friedensnobelpreis für seinen Einsatz gegen die Durchführung von Atombombentests und gegen die Weiterentwicklung von Atomwaffen.

34 Berkner 2013.

dass auf den Gitterplätzen, die dem Element der 3. Gruppe vorbehalten sind, statistisch verteilt zwei verschiedene Elemente der 3. Gruppe vertreten sein können. Angewandt auf das Galliumarsenid (Bild 5.1b) könnte das z.B. heißen, dass auf den Galliumplätzen (im Bild dunkel markiert) nicht nur Galliumatome sitzen, sondern 60% Galliumatome und 40% Aluminiumatome, da Aluminium, wie das Gallium, ein Element der 3. Gruppe des Periodensystems, dem Letzteren also chemisch nahe verwandt ist. Eine solche Verbindung würde dann ›Galliumaluminiumarsenid‹ genannt, geschrieben $Ga_{0,6}Al_{0,4}As$. Gleichermaßen lassen sich kristalline Materialien erzeugen, bei denen auf den Gitterplätzen, die dem Element der 5. Gruppe vorbehalten sind, statistisch verteilt zwei verschiedene Elemente der 5. Gruppe vertreten sind. Wiederum angewandt auf das GaAs könnte das z.B. heißen, dass 70% der As-Plätze (helle Kreise in Bild 5.1b) von As-Atomen besetzt sind, 30% aber von Phosphoratomen, gleichfalls ein Element der 5. Gruppe. Diese Verbindung würde dann den Namen ›Galliumarsenidphosphid‹ tragen, geschrieben $GaAs_{0,7}P_{0,3}$.

Vielfach begann die Erschließung der III-V-Verbindungshalbleiter damit, die Ausgangsmaterialien wie Gallium, Indium, Arsen, Antimon überhaupt in der erforderlichen Reinheit herzustellen. Als der Autor dieses Büchleins 1986 in die *Siemens-Forschungslaboratorien* eintrat, waren noch einige der Pioniere am Werk, die sich mühevoll dieser Aufgabe gewidmet hatten. Sodann ging es darum, aus den hochreinen Materialien Einkristalle und daraus dann Wafer herzustellen, eine Herausforderung für die Kristallzüchter. Auf die Kristallzüchtung der wichtigen Materialien und einige spezifische Probleme derselben wird in Abschnitt 5.3 kurz eingegangen.

Nachdem Kristalle ausreichender Reinheit und kristalliner Qualität zur Verfügung standen, ergab sich in den nachfolgenden Jahrzehnten als wichtigste Anwendung die Fabrikation von Bauelementen zur Erzeugung von Licht, also von ›Leuchtdioden‹ und ›Halbleiterlasern‹. Sie bilden das Anwendungsfeld der ›Optoelektronik‹, das heute zu den am schnellsten wachsenden Feldern der Elektronik gehört.

5.2 Leuchtdioden und Halbleiterlaser, eine Domäne der Verbindungshalbleiter

Seit dem 1. September 2012 dürfen gemäß einer EU-Vorgabe herkömmliche Glühbirnen nicht mehr im Handel angeboten werden. Zum 1. September 2023 wurden zahlreiche weitere Lampentypen verboten, vor allem die Leuchtstoffröhre und die Halogenlampe. Gründe dafür sind vor allem die unbefriedigende Energieeffizienz, aber auch der Quecksilbergehalt der Leuchtstoffröhren und – last but not least – die Lebensdauer. Dennoch werden wir zukünftig nicht im Dunkeln sitzen, denn: Die Lichtquelle der Zukunft ist die Leuchtdiode!

Die überragende Bedeutung der Verbindungshalbleiter für das große Gebiet der Optoelektronik beruht auf Faktoren, die der Halbleiter Silizium nicht liefern kann.

1. Die Verbindungshalbleiter sind in ihrer großen Mehrzahl sog. ›direkte‹ Halbleiter, nur direkte Halbleiter sind für die Lichterzeugung geeignet, im Gegensatz zu einem ›indirekten‹ Halbleiter wie dem Silizium. Auf diesen Punkt wird gleich anschließend eingegangen.
2. Die Vielzahl der Verbindungshalbleiter ermöglicht es, durch Variation der Materialien Leuchtdioden praktisch jeder gewünschten Farbe und jeden gewünschten ›Farbtons‹ herzustellen.

3. Ausgereifte Fertigungsverfahren der Verbindungshalbleiter ermöglichen die Herstellung von Leuchtdioden mit hoher Effizienz, nahe am physikalischen Limit.

Diese drei Punkte werden im Folgenden kurz erläutert.

5.2a Prinzip der Leuchtdiode. Direkte und indirekte Halbleiter

Der Aufbau einer Leuchtdiode ist bereits in Bild 2.1b dargestellt. In Kapitel 2 wurde beschrieben, was einen Halbleiter ausmacht, nämlich die Tatsache, dass das Material je nach Art der Dotierung zwei Typen von Leitfähigkeit annehmen kann, es kann ›n-leitend‹ und ›p-leitend‹ werden. Eine Leuchtdiode ist ein Bauelement, in welchem ein n-leitender und ein p-leitender Bereich aneinandergrenzen, wie Bild. 2.1b zeigt. Schickt man durch eine solche Anordnung einen Strom, so entsteht im Grenzbereich zwischen diesen beiden Bereichen Licht. Dieses Licht entsteht, vereinfacht gesagt, dadurch, dass ein Elektron aus einem Energiezustand des n-leitenden Bereichs in einen freien, unbesetzten Energiezustand des p-leitenden Bereichs übergeht. Die dabei freiwerdende Energie wird in ein Photon, also ein ›Lichtteilchen‹ umgesetzt. Dies verläuft freilich nicht in jedem Halbleiter so. In Silizium, beispielsweise, wird diese Energie nicht in Licht, sondern einfach in Wärme umgesetzt, führt also nur zu einer Erwärmung des Kristalls. Im ersteren Fall, der für die meisten Verbindungshalbleiter gegeben ist, spricht man von einem ›direkten‹ Halbleiter, im letzteren Fall, also dem des Siliziums, wie auch anderer Materialien wie dem Germanium, dem SiC u.a., von einem ›indirekten‹ Halbleiter. Es ist evident, dass sich nur direkte Halbleiter für lichterzeugende Bauelemente, also insbesondere Leuchtdioden, eignen.

5.2b Leuchtdioden für alle Farben

Die große Bedeutung und die Vielfalt der Einsatzmöglichkeiten der III-V-Halbleiter für die Lichttechnik beruhen nun darauf, dass durch geeignete Wahl des Materials praktisch jede gewünschte Farbe des emittierten Lichts erzeugt werden kann, darüber hinaus auch weit in den ultravioletten und infraroten Spektralbereich hinein. Für Verkehrsampeln werden rote, gelbe und grüne Leuchtdioden benötigt, für farbige Bildschirme rote, grüne und blaue, da sich durch Mischung dieser drei Farben jede andere Farbe erzeugen lässt. Die Raumbeleuchtung erfordert weiße Leuchtdioden, freilich solche mit unterschiedlichen Farbnuancen. Weiß ist nicht gleich Weiß! Man spricht von einem harten Weiß, wenn der Blauanteil, von einem weichen Weiß, wenn der Rotanteil groß ist. Auch diese Differenzierungen ergeben sich aus der Mischung der Materialien. Beim Kauf einer weißen Leuchtdiode findet man diese Nuancen im Farbton als ›Farbtemperatur‹ angegeben.

Die folgende Tabelle 5.2 zeigt, dass für jeden Farbbereich vom Ultravioletten bis in den Infrarotbereich auch ein passender Halbleiter zur Verfügung steht.[35] Die Tabelle enthält zu jeder Farbe auch den Wellenlängenbereich des Lichts, welcher dieser Farbe entspricht. Zur Illustration: Rot entspricht einem Wellenlängenbereich des Lichts zwischen 630 nm und 700 nm. Oder: Violett entspricht einem Wellenlängenbereich des Lichts von 400–450 nm. Letzteres kann durch GaInN realisiert werden, also eine Mischung aus GaN und InN; je höher der Galliumanteil, umso ›tie-

35 Für Kenner: Die Farbe ergibt sich aus der Wellenlänge λ gemäß Tabelle 5.2 und die Wellenlänge aus der ›Bandlücke‹ des Halbleiters (s. dazu Abschnitt 6.1) über die Beziehung $\lambda/\mathrm{nm} = 1240/(E_{gap}/\mathrm{eV})$.

fer‹ ist das Violett, je niedriger, umso mehr nähert sich die Farbe des emittierten Lichts dem Blau.

Farbe	Ultra-violett	Violett	Blau	Grün	Gelb	Orange	Rot	Infra-rot
Wellen-länge/nm	230-400	400-450	450-490	490-560	560-590	590-630	630-700	870-700
Material	AlGaN AlGaInN	GaInN	GaInN	GaInN	GaAsP	AlGaAs AlGaInP	AlGaAs AlGaInP	AlGaAs

Tabelle 5.2 Die Tabelle zeigt, welches Material welchem Wellenlängenbereich und – damit – welcher Farbe des LED-Lichts entspricht.

Man erkennt, dass die Möglichkeit, in einer Leuchtdiode alle Farben und jeden Farbton zu erzeugen, unmittelbar mit der Möglichkeit zusammenhängt, die III-V-Halbleiter in nahezu beliebigen Verhältnissen zu mischen. Auf diese Weise lässt sich jede gewünschte Wellenlänge, sprich Farbton, ›zusammenbrauen‹.

Ein Beispiel zur Illustration: Wir betrachten den Wellenlängenbereich zwischen $\lambda = 700$ nm (das ist Licht mit einer Wellenlänge an der Grenze zum infraroten Spektralbereich) und $\lambda = 600$ nm (das ist Licht von ›sattem‹ Rot), beides, wie die Tabelle zeigt, realisiert durch eine Mischung von AlAs und GaAs, genannt AlGaAs. Eine Leuchtdiode mit einer Emissionswellenlänge von 700 nm entsteht bei einer Mischung von 22 % AlAs mit 78 % GaAs, eine Wellenlänge von 600 nm ergibt sich bei einer Mischung von 66 % AlAs mit 34 % GaAs.

Aus der Sicht des ›Material Engineering‹ ist an dieser Stelle noch auf eine ernsthafte Komplikation hinzuweisen: Ein Problem mit den an sich so hilfreichen Mischungen von Verbindungshalbleitern ergibt sich daraus, dass diese nicht als Kristalle (wie ein Siliziumkristall, ein Diamant, ein GaAs-Kristall ...) hergestellt werden können, sondern nur, mittelst sog. ›Epitaxieverfahren‹, als dünne Schichten auf einer passenden Unterlage, dem sog. Substrat. Damit diese Schichten möglichst fehlerfrei, möglichst perfekt sind, muss die Kristallstruktur des Substrats mit derjenigen der aufzuwachsenden Schicht des Verbindungshalbleiters übereinstimmen. Die Suche nach einem passenden Substrat, oder die Vorgehensweise, falls die Strukturen nicht genau zusammenpassen, machen einen großen Teil der Kunst des ›Material Engineering‹ der Verbindungshalbleiter aus.

Dass auf diese Weise der gewünschte Halbleiter nur als dünne Schicht, nicht als ›Volumenkristall‹ hergestellt wird, ist für die Technologie keine wesentliche Einschränkung. Und zwar deshalb nicht, weil elektronische Bauelemente häufig so aufgebaut sind, dass die eigentliche elektronische Funktion sich in einer dünnen Schicht, oder mehreren übereinandergelegten dünnen Schichten, abspielt, die auf einem Träger, eben dem Substrat, aufgetragen ist. Insofern ist es kein Nachteil, sondern eher zweckmäßig, dass die aktiven Materialien hier als dünne Schichten, also durch ›Epitaxieverfahren‹, hergestellt werden. Es bleibt aber natürlich die soeben angesprochene Problematik des ›passenden Substrats‹.

Damit dieses wichtige Grundprinzip der Bauelementtechnologie nicht abstrakt so stehen bleibt, wird es in Bild 5.2 am Beispiel eines Halbleiterlasers illustriert, ohne dass dessen Funktionsweise hier erläutert würde.

Das Licht entsteht hier in der ›Sandwichstruktur‹, bestehend aus den drei Schichten n-AlGaAs, GaAs, p-AlGaAs, dies ist also der eigentliche aktive Bereich. Diese Schichten benötigen als Träger ein Substrat von möglichst gleicher Kristallstruktur. Auf GaAs trifft das zu, so dass dieses als Substrat verwendet wird. Es ist noch festzuhalten, dass das Bild 5.2 nicht maßstabsgerecht ist: Die Epitaxieschichten

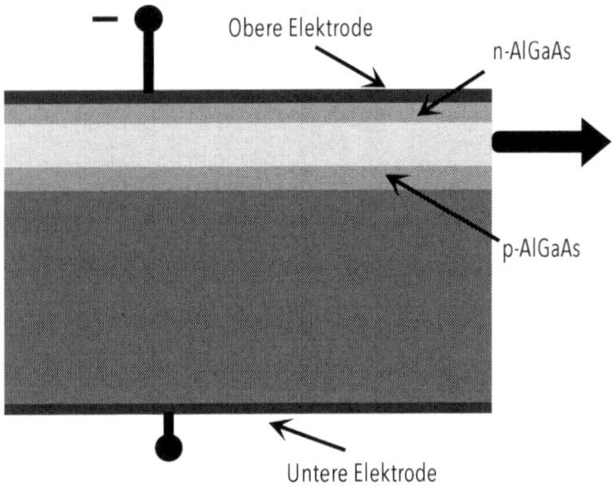

Bild 5.2 Vereinfachtes Schema eines GaAlAs-Halbleiterlasers als Beispiel für das Aufbauprinzip ›Substrat-aktive Schicht‹.

sind wenige Nanometer dick, das Substrat einige 100 Mikrometer. Durch die große Dicke des Substrats wird das gesamte Gebilde zu einer freitragenden und damit handhabbaren Struktur.

Leuchtdioden sind auf dem Markt etwa seit 1975. Seitdem hat ihre Effizienz stetig zugenommen. Hohe Effizienz bedeutet, dass mit wenig elektrischer Leistung viel Licht erzeugt wird. Da die Helligkeit von Licht in der Einheit *Lumen* gemessen wird und die elektrische Leistung in *Watt*, wird die Effizienz in *Lumen pro Watt* angegeben, also einer Einheit, die angibt, wieviel ›Helligkeit‹ mit einem Watt elektrischer Leistung erzeugt wird. Bei den frühen Leuchtdioden der 70er Jahre war diese Effizienz etwa 1 Lumen/Watt, heute liegt sie bei den besten Leuchtdioden bei 100 Lumen/Watt, also um einen Faktor von etwa 100 höher. Dies ist zurückzuführen auf Verbesserungen des Materials, also höhere Reinheit und Freiheit von Kristallfehlern, aber auch auf Verbesserungen im technischen Aufbau.

Bemerkenswert an der Entwicklung der Leuchtdioden ist die Tatsache, dass sich die Verfügbarkeit und Effizienz von Leuchtdioden verschiedener Farben zeitlich jeweils sehr unterschiedlich entwickelt haben. Dieser Sachverhalt hat die historische Entwicklung der LED-Beleuchtungstechnik und der Optoelektronik überhaupt wesentlich mitbestimmt. Dazu ist an die im Zusammenhang von Tabelle 5.1 schon erwähnte Tatsache zu erinnern, dass durch Mischung der drei Farben Rot, Grün und Blau jede andere Farbe erzeugt werden kann. Technisch angewandt wird das z.B. in jedem Farbfernseher: Jeder Bildpunkt eines Farbfernsehers (oder eines anderen farbigen Bildschirms) enthält drei ›Lichtquellen‹, eine rote, eine grüne und eine blaue, und je nachdem, wie die Intensitäten der drei Farben aufeinander abgestimmt sind, nimmt der Betrachter das jeweilige Pixel in einer entsprechenden Farbe wahr.[36] Daraus ergibt sich, dass der Durchbruch zu einer ›farbigen Optoelektronik‹ erst erfolgen konnte, als effiziente Leuchtdioden in allen drei Farben zur Verfügung standen. Die langsamste im Tross war die blaue Leuchtdiode, sehnlichst erwartet seitens der Beleuchtungstechnik.

5.2c Die Erfindung der blauen Leuchtdiode

Während rote und grüne (wie auch gelbe und orange) Leuchtdioden schon ab den 70er Jahren zur Verfügung standen, kamen effiziente blaue Leuchtdioden erst 20 Jahre später, ab Mitte der 90er Jahre, auf den Markt.[37] Ange-

36 Für Kenner: Wie sich durch Mischung von Grundfarben die verschiedenen Farben ergeben, entnimmt man dem sog. Farbdreieck.

37 Als eine bemerkenswerte Pionierleistung der Halbleitertechnologie muss erwähnt werden, dass bereits Anfang der 1980er Jahre in den *Siemens Forschungslaboratorien* eine blaue Leuchtdiode hergestellt (s. Hoffmann 1982) und sogar für gutes Geld vermarktet

sichts der soeben geschilderten Bedeutung der ›fehlenden‹ blauen Leuchtdiode stellt sich die Frage, warum diese so lange auf sich warten ließ.

Blaues Licht kann erzeugt werden mittels einer Leuchtdiode aus GaN mit einer passenden kleinen Beimischung von InN, wie Tabelle 5.2 zeigt. Das Licht einer Leuchtdiode entsteht, wie eingangs dieses Kapitels in Abschnitt 5.2a festgestellt wurde, im Grenzbereich zwischen einen p-Halbleiter und einem n-Halbleiter. Das Problem der Herstellung effizienter blauer Leuchtdioden bestand jahrzehntelang darin, dass es trotz aller Bemühungen nicht gelang, p-leitendes GaN herzustellen. Nach dem gängigen Rezept für die Herstellung eines p-leitenden Halbleiters hätte die Dotierung von GaN mit Magnesium zu p-leitendem Material führen müssen.[38] Alle Versuche aber, GaN durch Dotieren mit Mg oder einem anderen Element der 2. Gruppe p-leitend zu machen, scheiterten jahrzehntelang. Den Durchbruch brachte schließlich die zunächst rätselhafte Beobachtung der japanischen Wissenschaftler Akasaki und Amano[39], dass mit Zink oder Magnesium dotiertes GaN p-leitend wurde nach Bestrahlung in einem Elektronenmikroskop. Als Erklärung dafür ergab sich schließlich, dass sich in dem GaN stets nicht unerhebliche Spuren von Wasserstoff befanden als Folge der Tatsache, dass bei der

wurde. Verglichen mit den heutigen Ansprüchen und Errungenschaften war dies freilich eine schwache Funzel, bedingt dadurch, dass das damals als Einziges verfügbare Material das SiC war, also ein indirekter Halbleiter und damit schlecht geeignet für eine effiziente Leuchtdiode.

38 Für Kenner: Mg ist ein Element der 2. Gruppe des Periodensystems, Gallium ein Element der 3. Gruppe. Setzt sich also Mg auf den regulären Gitterplatz eines Ga-Atoms, so fehlt an dieser Stelle ein Bindungselektron, es entsteht ein ›Loch‹ im Bindungsgefüge, das dann als positive Ladung durch das Gitter wandern kann.

39 Amano 1989.

Herstellung des GaN als Stickstoffquelle Ammoniak (NH_3) verwendet wurde. Der Wasserstoff ›passivierte‹ die Dotanten Magnesium oder Zink. Problem erkannt, Problem gebannt! Es musste der Wasserstoff beseitigt werden durch thermische Behandlung des GaN oder vermieden werden durch Verwendung einer anderen Stickstoffquelle.

Von der Herstellung von p-leitendem GaN bis zu einer effizienten blauen Leuchtdiode waren noch erhebliche technische Entwicklungsschritte erforderlich, die mit dem Namen von S. Nakamura verbunden sind. So ging der Nobelpreis für Physik im Jahr 2014 an I. Akasaki, H. Amano und S. Nakamura[40] für die Erfindung der blauen Leuchtdiode.

Insgesamt ist die Entdeckung der blauen Leuchtdiode eine Geschichte der Irrungen und Wirrungen. Es mussten schon eine Reihe von unglücklichen Umständen zusammenkommen, um die fatale Wirkung des Wasserstoffs als ›Dotierstoffkiller‹ so lange zu übersehen, zumal es eigentlich in Fachkreisen bekannt war, dass der Wasserstoff wegen seiner hohen Reaktivität einen Dotierstoff passivieren kann. Im Nachhinein sind bekanntlich alle klüger!

5.2d Die weiße Leuchtdiode als Glühlampen- und Leuchtröhrenersatz

Die überragende Bedeutung der blauen Leuchtdiode beruht, wie oben schon angesprochen, darauf, dass damit nicht nur eine weitere Farbe, nämlich Blau, zur Verfügung steht, sondern nunmehr durch Mischung der Farben Rot,

40 Isamu Akasaki (1929–2021), japanischer Physiker. Hiroshi Amano (* 1960), japanischer Physiker. Shuji Nakamura (* 1954), japanisch-amerikanischer Elektroingenieur. Sie erhielten gemeinsam den Nobelpreis für Physik 2014.

Grün und Blau das gesamte ›Farbdreieck‹ realisiert werden kann. Ein weiterer Punkt kommt hinzu: Die blaue Leuchtdiode ermöglicht auch die Herstellung einer weißen Leuchtdiode. Nach dem Verbot der klassischen Glühlampe und der Leuchtstoffröhre macht erst diese Möglichkeit die Leuchtdiode zur ›Glühbirne der Zukunft‹.

Eine weiße Lichtquelle auf der Basis von Leuchtdioden lässt sich auf zweierlei Weise herstellen.

Zum einen könnte sie aus drei Leuchtdioden bestehen, einer roten, einer grünen und einer blauen, die in Wellenlängen und Intensitäten so aufeinander abgestimmt sind, dass sie vom Auge als Weiß wahrgenommen werden. Dieses Verfahren ist freilich umständlich und aufwändig, da es drei Stromversorgungen für die drei Farben benötigt. Stattdessen hat sich ein anderer, einfacherer Typ von weißen Leuchtdioden durchgesetzt, die sog. LUCOLED, die *Luminescence Conversion Light Emitting Diode*.[41] Deren Prinzip ist in Bild 5.3 dargestellt.

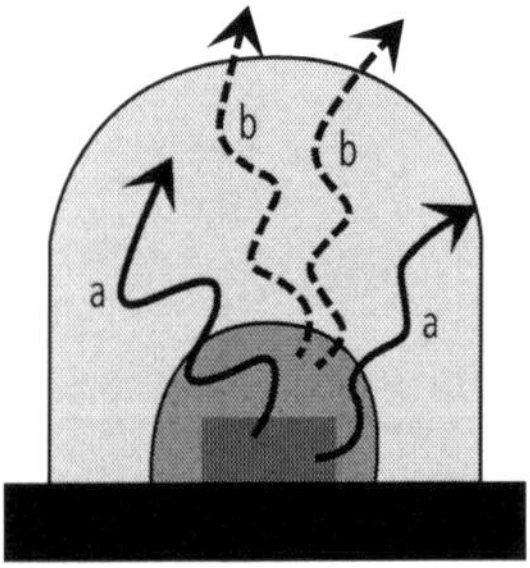

Bild 5.3 Weiße Leuchtdiode LUCOLED (*Luminescence Conversion Light Emitting Diode*)
a: Blaues Licht
b: Oranges Licht

In einer GaInN-Leuchtdiode (im Bild als Ursprungsort von blauem Licht gezeichnet) wird blaues Licht erzeugt.

41 Schneider 1998.

Die Leuchtdiode ist umgeben von einer Epoxy-Hülle (als Ursprungsort von orangem Licht gezeichnet), in welche in granularer Form ein Leuchtstoff eingebettet ist. In einem Leuchtstoff wird Licht einer Farbe in Licht einer anderen Farbe umgewandelt. In diesem Fall wird ein Teil des blauen Lichts in oranges Licht verwandelt. Das heißt, die die Leuchtdiode und die Epoxyhülle umschließende Verkapselung wird von einer Überlagerung des verbliebenen blauen Lichts und des im Leuchtstoff erzeugten orangen Lichts verlassen. Da Blau und Orange Komplementärfarben sind, wird dies vom Auge als Weiß wahrgenommen. Für die kommerzielle Nutzung ist noch zu berücksichtigen, dass, wie oben schon bemerkt, ›Weiß nicht gleich Weiß ist‹. Durch Variation der Zusammensetzung des Leuchtstoffs kann die ›Farbtemperatur‹ der weißen LED in weiten Grenzen variiert werden: von einem ›harten Weiß‹ (hohe Farbtemperatur) mit starkem Blauanteil zu einem ›weichen Weiß‹ (niedrige Farbtemperatur) mit starkem Orangeanteil.[42]

5.2e Effizienz von Leuchtdioden

Unter der ›Effizienz‹ einer Lichtquelle versteht man das Verhältnis der erzeugten Lichtenergie zur aufgewandten elektrischen Energie; für die klassische Glühbirne liegt diese lediglich bei 5%. Bild 5.4 zeigt die eindrucksvolle Entwicklung der Effizienz von Leuchtdioden über die Jahre.

Die Effizienz einer LUCOLED reicht heute an 50–60% heran, ist also derjenigen einer Glühlampe um einen Faktor von etwa 10 überlegen. Insofern erhofft man sich von der Ersetzung der Glühlampe durch die weiße

42 Batentschuk 1999.

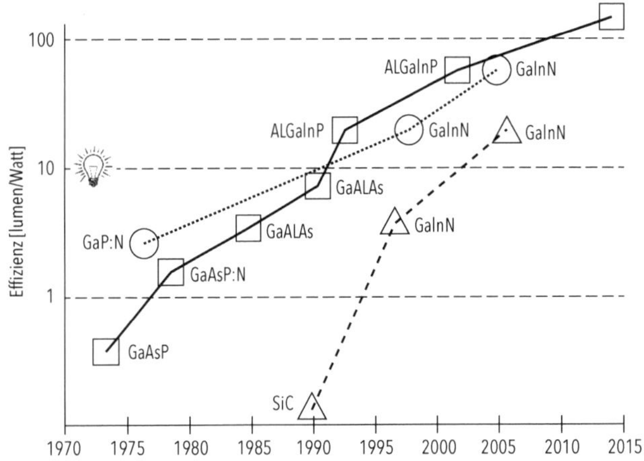

Bild 5.4 Effizienzentwicklung von Leuchtdioden der verschiedenen Farben (Rot: Kästchen und durchgezogene Linie. Grün: Kreise und gepunktete Linie. Blau: Dreiecke und gestrichelte Linie)

Leuchtdiode eine wesentliche Reduzierung des Energiebedarfs zu Beleuchtungszwecken.

Die hohe Effizienz der Leuchtdioden, wie sie aus Bild 5.4 hervorgeht, verleitet zu der Erwartung, generell sei die Lichterzeugung in Zukunft mit einem geringeren Energiebedarf verbunden. Wer freilich die Lichtflut betrachtet, die uns seit Erfindung der Leuchtdiode zunehmend begegnet, all die Werbung, all die Weihnachtsmänner mit Rentierschlitten zur Weihnachtszeit, wird am Gesamterfolg seine Zweifel haben. Die LED erhöht zwar die Effizienz der einzelnen Lichtquelle, dafür werden aber viel mehr Lichtquellen eingesetzt!

5.2f Leuchtdioden für ultraviolettes Licht mittels der ›nitridischen‹ Halbleiter Galliumnitrid und Aluminiumnitrid

Eine Herausforderung für Forschung und Entwicklung der Leuchtdiode tut sich freilich auch gut 70 Jahre nach Erfindung der III-V-Verbindungshalbleiter noch auf, nämlich die Entwicklung effizienter Leuchtdioden im ultravioletten (UV-) Spektralbereich. Dieser wird in der Technik in 3 Bereiche unterteilt: UVA für Wellenlängen von 380 nm–315 nm, UVB von 315 nm–280 nm und UVC von 280 nm–100 nm. Beispiele für Anwendungsgebiete sind z.B. das Aushärten von Polymeren in der Kunststofftechnik (mittels UVA- oder UVB-Licht) oder die Desinfektion (UVC-Licht) bakteriell verunreinigter Flächen. Letztere Möglichkeit ergibt sich daraus, dass Strahlung mit einer Wellenlänge kürzer als ca. 260 nm zur Zerstörung der DNA führt, damit also auch zum Abtöten von Bakterien. Seit der Corona-Epidemie wird dieser Thematik besondere Aufmerksamkeit geschenkt!

Wir haben in Verbindung mit Tabelle 5.2 gesehen, dass die emittierte Farbe einer Leuchtdiode durch das eingesetzte Halbleitermaterial bestimmt ist. Eine Sichtung der Liste der III-V-Halbleiter ergibt, dass der UV-Wellenlängenbereich im Wesentlichen durch die Halbleiter Galliumnitrid (GaN) und Aluminiumnitrid (AlN) bzw. ihre Mischungen AlGaN abgedeckt ist.[43] Der Rückstand in der Entwicklung von UV-Leuchtdioden hängt somit auch damit zusammen, dass die Entwicklung der nitridischen Halbleiter

43 Für Kenner: Die Bandlücke von GaN beträgt 3,44 eV entsprechend 360 nm, diejenige von AlN 6,2 eV entsprechend 200 nm. Die Bandlücken von AlGaN-Mischkristallen liegen dazwischen. Für noch kürzere Wellenlängen als 200 nm stehen keine Leuchtdioden zur Verfügung.

AlN und GaN erst viel später vorangetrieben wurde als diejenige der anderen III-V-Verbindungshalbleiter. Deren ›Beherrschung‹ steht im Zentrum der Entwicklungsarbeiten an UV-Leuchtdioden.[44] Heute werden nur Effizienzen von wenigen Prozent erreicht. Auf die Materialproblematik von UV-Leuchtdioden wird kurz im folgenden Abschnitt 5.3 eingegangen.

Zusammenfassend lässt sich an dieser Stelle sagen, dass die III-V-Halbleiter von überragender Bedeutung sind für eines der großen industriellen Anwendungsfelder der modernen Elektronik, nämlich die Optoelektronik, also die Erzeugung von Licht durch Leuchtdioden und Halbleiterlaser. Dieses Gebiet ist dem Silizium nicht zugänglich. Im infraroten und sichtbaren Spektralbereich kann von einer weit fortgeschrittenen Entwicklung gesprochen werden, was hingegen den violetten und ultravioletten Spektralbereich anbetrifft mit wichtigen industriellen Anwendungen, besteht auch 75 Jahre nach Entdeckung der III-V-Halbleiter noch Entwicklungsbedarf, der mit den Schwierigkeiten in der Technologie der nitridischen Halbleiter GaN und AlN zusammenhängt.

5.3 Herstellung der Verbindungshalbleiter. Offene Fragen

Der Erfinder Heinrich Welker hat die Verbindungshalbleiter »Nachbildungen« des Siliziums genannt. In der Tat ist dies naheliegend beim Blick auf deren dem Silizium ähnliche Kristallstruktur (Bild 5.1). Das heißt freilich nicht, dass auch die Kristallzüchtungsverfahren für die Verbindungs-

44 Kneissl 2019.

halbleiter sich von Silizium unmittelbar auf jene übertragen ließen.

Am nächsten kommen dem noch GaAs und InP, ›Klassiker‹ insofern, als ihre Anwendung auch am frühesten in Angriff genommen wurde. ›Klassiker‹ können sie auch deshalb genannt werden, weil das von der Kristallzüchtung des Siliziums bekannte ›Czochralski‹-Verfahren auch auf diese beiden Kristalle angewandt werden kann, freilich in modifizierter Gestalt, wie aus der Bezeichnung ›*Liquid encapsulated Czochralski* (LEC)-Verfahren‹ hervorgeht. Das Züchtungsverfahren nach Czochralski für Silizium wurde im Zusammenhang mit Bild 4.2a und 4.2b beschrieben: Ein Keimkristall wird langsam aus der Schmelze gezogen. Bei Anwendung dieses Verfahrens auf GaAs und InP tritt aber das spezifische Problem auf, dass diese Materialien bei ihrer Schmelztemperatur (Schmelztemperatur GaAs: 1238 °C, Schmelztemperatur: InP 1062 °C) nicht mehr stabil sind. GaAs beginnt sich bei dieser Temperatur zu zersetzen, indem Arsen aus der Schmelze abdampft, InP zersetzt sich bei seiner Schmelztemperatur unter starker Abdampfung von Phosphor. Dies lässt sich verhindern, indem auf die Schmelzen sozusagen ein Deckel gelegt wird, der das Abdampfen unterbindet, und zwar in Form einer Schicht von Boroxid. Boroxid schmilzt seinerseits schon bei viel niedrigerer Temperatur und legt sich somit als flüssige Schicht auf die GaAs- bzw. InP-Schmelze. Das LEC-Verfahren für GaAs und InP steht in Konkurrenz zu einem anderen Verfahren, dem ›*Vertical gradient Freeze* (VGF)-Verfahren‹, das eine gewisse Ähnlichkeit mit dem Zonenschmelzen aufweist.

Für die Kristallzüchtung von Galliumnitrid (GaN) und Aluminiumnid (AlN)[45], den Grundmaterialien für die Op-

45 Filip 2011.

toelektronik im ultravioletten Spektralbereich, mussten gänzlich andere Methoden entwickelt werden. Das ergibt sich daraus, dass diese beiden Materialien gar nicht schmelzen, jedenfalls nicht unter realisierbaren Druck- und Temperaturbedingungen. Sie können also nicht aus der Schmelze gezogen werden, sie werden vielmehr aus der Gasphase ausgeschieden. GaN und AlN teilen diese Schwierigkeit mit dem Siliziumkarbid. Die Kristallzüchtung von AlN erfolgt nach einem ganz ähnlichen Verfahren wie die von SiC, sie wird gemeinsam mit Letzterem in Abschnitt 7.2 kurz behandelt.

Was schließlich die Herstellung von GaN anbetrifft, so bietet sich überhaupt kein Verfahren zur Züchtung von Volumenkristallen an. Hier laufen die Entwicklungsarbeiten stattdessen darauf hinaus, Kristallscheiben über ein Epitaxieverfahren herzustellen. Die Anstrengungen konzentrieren sich auf ein *Hydride Vapour Phase Epitaxy* (HVPE) genanntes Verfahren, bei welchem die Bestandteile Gallium (Ga) und Stickstoff (N) über einen Gasstrom aus geeigneten Gallium- bzw.- Stickstoffverbindungen herangeführt und dann über einem Substrat zur Reaktion, also zur Bildung von GaN, gebracht werden.[46] Ein bemerkenswerter Aspekt dieses Verfahrens ist es, dass das Schichtwachstum des GaN so schnell erfolgt, dass auch an eine Züchtung von ganzen Wafern (also Scheiben von einigen 100 µm Dicke) gedacht werden könnte. Als Epitaxieverfahren bedarf auch HVPE eines geeigneten Substrats; es sind Saphir, Siliziumkarbid und Silizium in Arbeit. Silizium würde der Vorzug gegeben, da sich die Möglichkeit ergäbe, GaN-Leistungselektronik in Silizium-Fertigungslinien herzustellen.

Auch an der Herstellung von AlN-Wafern nach einem HVPE-Verfahren wird gearbeitet.

46 Für Kenner: Es handelt sich um $Ga(Cl)_3$ und Ammoniak NH_3.

5.4 Halbleiterlaser

Der Laser ist heute allgemein bekannt als eine Lichtquelle, die sich durch einen scharf gebündelten Strahl auszeichnet, verbunden mit einer sehr scharf definierten Wellenlänge. Sein Prinzip soll hier nicht näher erläutert werden. Laserdioden können heute auf der Basis von Verbindungshalbleitern in praktisch allen Wellenlängenbereichen hergestellt werden. Die Entwicklung schritt hier im Wesentlichen fort von langen Wellenlängen (Infrarot) über Rot und Grün bis zu den heute verfügbaren blauen und ultravioletten Laserdioden. Zwei besonders wichtige technische Anwendungen seien erwähnt.

Erstens: Der CD Player: Bei diesem werden die auf die rotierende CD-Scheibe eingebrannten Pixel durch einen Laser ausgelesen. Je feiner dabei der Laserstrahl auf einen Punkt fokussiert ist, desto enger können die Pixel beieinander liegen, desto höher ist die Speicherdichte der Information. Da nach den Grundlagen der Optik[47] Licht umso feiner fokussiert werden kann, je kürzer die Wellenlänge, schritt die Entwicklung auf diesem Gebiet fort zu immer höheren Speicherdichten durch Verwendung von Lasern immer kürzerer Wellenlänge. Es begann mit 780 nm (CD-Player), es folgten 650 nm (DVD) und schließlich 405 nm (Blue Ray). Bei Blue Ray kommt eine Laserdiode auf der Basis von GaInN zum Einsatz.

Zweitens: Die Interkontinentale Datenübertragung: Eine Anwendung des Halbleiterlasers von überragender Bedeutung ist die optische Datenübertragung. Sie erlaubt die gewaltigen Übertragungskapazitäten, die das Internet erfordert. Im Jahr 2022 waren ca. 950.000 km Tiefseekabel verlegt, um Daten von Kontinent zu Kontinent zu über-

47 Für Kenner: Theorie von Ernst Abbé.

tragen. Die Datenübermittlung erfolgt über Lichtpulse, die in möglichst dichter Folge durch eine Glasfaser (Quarzglas) geleitet werden, sie werden von einem gepulsten Laser erzeugt. Es ist evident, dass die Übertragung bei einer Wellenlänge erfolgen sollte, bei welcher die Glasfaser möglichst durchlässig ist. Die günstigste Wellenlänge für die Quarzglasfaser liegt unter diesem Gesichtspunkt bei 1,54 μm, also im Infraroten.

Wie in Abschnitt 5.2b in Verbindung mit Tabelle 5.2 dargelegt, ergibt sich die emittierte Wellenlänge einer Leuchtdiode, wie auch die eines Halbleiterlasers, aus der ›Bandlücke‹ des verwendeten Halbleitermaterials. Es erweist sich, dass man einen Halbleiterlaser mit genau der richtigen Wellenlänge von 1,54μm für die Übertragung per Glasfaser erhält, indem man zunächst einen Mischkristall aus GaAs und InAs herstellt im Verhältnis 47% zu 53% (das wäre also das Material $Ga_{0,47}In_{0,53}As$) und diesen noch einmal im Verhältnis 9 zu 1 mit InP mischt, so dass man den ›quaternären‹ Halbleiter $Ga_{0,42}In_{0,58}As_{0,9}P_{0,1}$ erhält. Wie im Zusammenhang mit Tabelle 5.1 angemerkt, können solche Mischkristalle in einem sog. Epitaxieverfahren hergestellt werden, wobei es noch eines geeigneten ›Substrates‹ bedarf, also eines Kristalls mit passender Kristallstruktur. Im Fall der optischen Datenübertragung bei 1,54 μm erweist sich der Halbleiter InP als das ideale Substrat. Diese Anwendung, also als passendes Substrat für die Laserdiode der optischen Datenübertragung, ist die wichtigste Anwendung des Halbleiters InP.

Im Rahmen dieser Abhandlung, *Silizium ist nicht alles*, haben wir nunmehr ausführlich über die Verbindungshalbleiter als Material für die Optoelektronik gesprochen. In der Tat ist dies eine Domäne der Verbindungshalbleiter, sie stehen auf diesem Gebiet nicht einmal in Konkurrenz zum

Silizium, da Silizium als indirekter Halbleiter für die Erzeugung von Licht grundsätzlich nicht geeignet ist.

Es gibt freilich auch Anwendungsbereiche, wo die Verbindungshalbleiter keinen solchen absoluten Vorteil gegenüber dem Silizium bieten, wohl aber aufgrund ihrer physikalischen Eigenschaften in gewissen Bauelementen diesem vorzuziehen sind. Zwei wichtige solche Gebiete sind die Hochfrequenzelektronik und die Leistungselektronik.

5.5 *Weitere Anwendungsfelder von Verbindungshalbleitern*

5.5a Galliumarsenid für ›schnelle Elektronik‹

Nach der Erfindung der Verbindungshalbleiter hat lange Zeit wohl das Galliumarsenid (GaAs) das meiste Interesse auf sich gezogen. Das hängt damit zusammen, dass das Galliumarsenid neben der Eignung für optoelektronische Anwendungen, wie sie im vorangehenden Abschnitt beschrieben wurden, über eine besondere elektronische Eigenschaft verfügt: Es verfügt über eine besonders hohe ›Beweglichkeit‹ der Leitungselektronen, eine wichtige Grundeigenschaft von Halbleitern, die bisher noch nicht besprochen wurde. Bei Anlegen einer Spannung an einen GaAs Kristall bewegen sich die freien Elektronen mit besonders hoher Geschwindigkeit, das bedeutet, die Elektronen im GaAs haben eine besonders hohe Beweglichkeit. Analysiert man nun die Eigenschaften verschiedener elektronischer Bauelemente wie Transistoren oder Dioden, so gelangt man zu der Einsicht, dass die Beweglichkeit der Ladungsträger maßgeblich bestimmt, wie schnell man ein solches Bauelement zwischen verschiedenen Zuständen hin- und herschalten kann. Je höher die Beweglichkeit, desto höhere Frequenzen können verarbeitet werden. Dank der hohen Beweglichkeit der Elektronen im GaAs ist GaAs das Material der Wahl für die Verarbeitung hoher Frequenzen.

Da Galliumarsenid schwerer in hoher kristalliner Qualität herzustellen ist als Silizium und da es nicht über ein flächendeckendes Oxid verfügt wie das Silizium, was für die Herstellung integrierter Schaltungen von Nachteil ist, stand es selbst für Hochfrequenzanwendungen lange hinter dem Silizium zurück. Der Verfasser dieses Büchleins erinnert sich aus seiner Zeit in den *Siemens-Forschungslaboratorien* noch an die Redensart (vor allem unter den Silizium-Technologen): »Das Galliumarsenid war der Halbleiter der Zukunft, ist der Halbleiter der Zukunft und wird der Halbleiter der Zukunft sein«! So kam es aber nicht, inzwischen hat für das GaAs die Zukunft längst begonnen. Da die Kommunikationstechnik sich zu immer höheren Frequenzen hin entwickelt, erlangte auch die hohe Elektronenbeweglichkeit des GaAs immer höhere Bedeutung. So spielen GaAs-Bauelemente heute eine bedeutende Rolle in Mobiltelefonen (in jedem befinden sich einige GaAs-Bauteile), in der Satelliten-Kommunikation oder im Hochfrequenzradar.

5.5b GaN für die Leistungselektronik

In Kapitel 6 werden wir ein Halbleitermaterial betrachten, das Siliziumkarbid, das in der sog. Leistungselektronik zunehmend an Bedeutung gewinnt angesichts der technologischen Transformationsprozesse der Gegenwart in den Bereichen der Elektromobilität, Photovoltaik und Energietechnik. Es sei aber an dieser Stelle darauf hingewiesen, dass auch das Galliumnitrid als Grundmaterial für die Leistungselektronik zur Diskussion steht und sich in rascher Entwicklung befindet.[48] Physikalische Eigenschaften deuten auf einen Vorteil des GaN im Bereich großer Frequenzen hin. Es werden wohl beide Materialien in dem rasant wachsenden Feld der Leistungselektronik ihren Platz finden, überlegen dem ›Oldtimer‹ Silizium.

5.6 Zusammenfassende Betrachtung der III-V-Verbindungshalbleiter als ›Nachbildungen‹ des Siliziums

Die III-V-Verbindungshalbleiter wurden bereits in einer Frühphase der Halbleitertechnologie entdeckt, als noch keineswegs geklärt war, welcher Halbleiter sich langfristig durchsetzen würde. Es stellte sich die Optoelektronik, also die Erzeugung von Licht durch Leuchtdioden und Halbleiterlaser, als die Domäne der III-V-Halbleiter heraus, konkurrenzlos insofern, als das Silizium als ›indirekter‹ Halbleiter für diese Anwendung unbrauchbar ist. Heute wird fast der gesamte Spektralbereich von Infrarot über Sichtbar bis zum Ultraviolett durch Leuchtdioden und Halbleiterlaser abgedeckt. Materialprobleme ergeben sich noch im Spektralbereich des tiefen Ultraviolett, wo die Herstellung von GaN- und vor allem von AlN-Substratkristallen Gegenstand der Forschung ist. Zur Optoelektronik treten die Hochfrequenzanwendungen des GaAs und das Potenzial des GaN in der Leistungselektronik als Zukunftsperspektive der Verbindungshalbleiter hinzu.

48 Infineon 2024.

Das Anwendungspotenzial der III-V-Verbindungshalbleiter beruht ganz wesentlich auch darauf, dass aus ihnen in fast beliebiger Zusammensetzung Mischkristalle gebildet werden können. Letztere können zwar nicht als Volumenkristalle erzeugt werden, wohl aber als dünne Filme auf geeigneten Substratkristallen, was für die Anwendung jedoch völlig ausreicht.

Die Herstellung der für den jeweiligen Anwendungszweck geeigneten Mischsysteme aus der Vielzahl der Verbindungshalbleiter und die Anpassung der mittels Epitaxie herzustellenden Materialfilme an ein geeignetes Substrat stellen eine immer noch aktuelle Herausforderung an ein ›Material Engineering‹ der Verbindungshalbleiter dar.

Kapitel 6
Neue Anwendungen: Hochtemperatur-Bauelemente und Leistungselektronik

6.1. Hochtemperaturelektronik, die Domäne von Halbleitern ›großer Bandlücke‹

In Kapitel 3 »Die Entdeckung der Halbleiter« hatten wir festgestellt, dass die frühe Entwicklung der Halbleitertechnologie sich in Richtung des Materials Germanium bewegt hatte. Damals standen Gleichrichter im Zentrum des technischen Interesses, und hier war das Germanium hinsichtlich der handhabbaren Ströme und Spannungen unerreicht, wegen seiner grundlegenden Eigenschaften, aber auch wegen der Reinheit und Perfektion der verfügbaren Kristalle. Dass sich schließlich doch das Silizium durchsetzte, lag vor allem daran, dass das Germanium bereits bei Temperaturen von ca. 80 °C seinen Dienst versagt, während Siliziumgleichrichter – wie auch andere Silizium-Bauelemente – bei wesentlich höheren Temperaturen noch funktionieren. Bei Si-Bauelementen liegt die Grenze des Anwendungsbereichs bei etwa 200–250 °C. Das stellte zwar gegenüber dem Germanium eine wesentliche Verbesserung dar, ist aber im Blick auf viele technische Anwendungen immer noch unbefriedigend. In vielen Maschinen und Anlagen treten wesentlich höhere Temperaturen auf, in Chemieanlagen, Turbinen, auch im Verbrennungsmotor u.a.m. Die zunehmende Bedeutung der Elektronik auch in diesen Anwendungsbereichen muss daher zu Halbleitermaterialien ›jenseits der Siliziums‹ hinführen im Sinne der Thematik dieses Büchleins.

An dieser Stelle stellt sich die Frage, worauf überhaupt die Temperaturgrenze eines Halbleitermaterials zurückzuführen ist. Wir müssen uns dazu an zwei früher behandelte Tatsachen erinnern:

Die erste ist die folgende: In Abschnitt 2.1 im Zusammenhang mit Bild 2.1 wurde darauf hingewiesen, dass die Funktion der allermeisten grundlegenden elektronischen Bauelemente auf dem Zusammenwirken von p- und n-dotierten Bereichen beruht, die entscheidenden Vorgänge spielen sich oft im Grenzbereich zwischen p- und n-leitenden Bereichen ab.

Die zweite Tatsache, an die zu erinnern ist, wurde in Abschnitt 2.3 besprochen, der den Einfluss der Temperatur auf die elektrischen Eigenschaften der Halbleiter behandelt. Dort wurde festgestellt, dass bei Temperaturerhöhung zusätzliche freie Ladungsträger entstehen. Entscheidend an dieser Stelle ist der Umstand, dass durch diese thermische Anregung immer gleich viele negative wie positive Ladungsträger entstehen. Die so entstehenden freien Ladungsträger werden als ›intrinsische‹ Ladungsträger bezeichnet, im Unterschied zu den ›extrinsischen‹ Ladungsträgern, die durch Dotierung entstehen und, je nach Dotierstoff, das Material n-leitend oder p-leitend machen. Das bedeutet, der Unterschied zwischen p- und n-leitendem Bereich wird mit zunehmender Temperatur eliminiert, da bei genügend hoher Temperatur die freien Ladungsträger zum größten Teil nicht mehr aus der ursprünglichen Dotierung stammen, sondern aus der thermischen Anregung hervorgehen. Mit dieser ›Überschwemmung‹ durch intrinsische Ladungsträger verschwindet also der Unterschied zwischen p- und n-leitendem Bereich, die darauf beruhende Funktion des Bauelements erlischt.

Aus diesem Verständnis ergibt sich unmittelbar, auf welche Eigenschaft eines Halbleitermaterials sein Versagen oder seine Eignung bei hohen Temperaturen zurückgeht. Es gibt Materialien, bei denen nur wenig Energie zur thermischen Anregung intrinsischer Ladungsträger benötigt wird, bei diesen tritt eine starke Erhöhung der Konzentration der intrinsischen Ladungsträger schon bei einer relativ kleinen Temperaturerhöhung ein. Wird aber zur Anregung intrinsischer Ladungsträger viel Energie benötigt, so wird erst eine große Temperaturerhöhung zu der Überschwemmung mit intrinsischen Ladungsträgern führen.

Die Energie, die für diese thermische Anregung von Ladungsträgern benötigt wird, wird als die ›Bandlücke‹ eines Halbleiters bezeichnet. Sie wird in dem Energiemaß ›Elektronenvolt‹ (eV) gemessen. Bei Germanium ist diese ›Bandlücke‹ klein, bei Silizium ist sie größer, bei dem Halbleiter Siliziumkarbid liegt eine große Bandlücke vor. Die Größe der Bandlücke entscheidet über die Brauchbarkeit eines Halbleitermaterials für den Betrieb bei hohen Temperaturen. Tabelle 6.1 gibt diese wichtige Größe für einige gängige Halbleitermaterialien an.

Tabelle 6.1 ›Bandlücke‹ verschiedener Halbleiter

Halbleiter	Ge	Si	GaAs	GaP	6H-SiC	4H-SiC	GaN
E_{gap}/eV	0,66	1,12	1,42	2,27	2,86	3,26	3,5

Wie Tabelle 6.1 zeigt, ist die Bandlücke des Germaniums besonders klein (E_{gap} = 0,66 eV), ein Germanium-Bauelement wird also schon bei niedriger Temperatur versagen. In der Tat ist dies, wie eingangs dieses Abschnitts erwähnt, schon bei ca. 80 °C der Fall.

Bei Silizium mit seiner größeren Bandlücke von E_{gap} = 1,12 eV tritt das Versagen der Bauelemente erst bei ca. 200–250 °C ein, deutlich günstiger schon für den praktischen Gebrauch. Für noch höhere Temperaturen sind Halbleiter mit deutlich größerer Bandlücke gefragt. Die Hochtemperaturelektronik ist die Domäne der ›Halbleiter großer Bandlücke‹. De facto bedeutet dies, dass für Hochtemperaturanwendungen die Halbleiter mit Bandlücken von mehr als 3 eV interessant sind; derzeit dominiert aus Gründen der Herstellbarkeit und Beherrschung der Bauelement-Technologie das SiC, und zwar in der Modifikation 4H-SiC. Ein Transistor auf der Basis von SiC funktioniert wegen der großen Bandlücke von 3,26 eV noch bei Temperaturen im Bereich von 700 °C. Es ist für den Elektroniker schon ein bemerkenswerter Anblick, einen in Rotglut erstrahlenden Transistor im Betriebszustand zu sehen!

Aus dem Blickwinkel dieses Büchleins, *Silizium ist nicht alles*, ist festzuhalten: Das Silizium ist ungeeignet für die Hochtemperaturelektronik wegen seiner zu kleinen Bandlücke! Nach derzeitigem Stand der Materialentwicklung ist für diesen Zweck das Siliziumkarbid das bevorzugte Material.

Wir sind damit nach der Optoelektronik einer weiteren Anwendung begegnet, für welche das so erfolgreiche Silizium grundsätzlich, d.h. aus physikalischen Gründen, ungeeignet ist. Diese ›Grenze‹ des Siliziums hat uns zu einem neuen Halbleitermaterial, dem SiC geführt. Inzwischen hat das SiC noch aus einem anderen Grund eine hohe Bedeutung erlangt, neben welcher die Hochtemperaturelektronik eher eine Randerscheinung darstellt. Es ist zum bevorzugten Material für die ›Leistungselektronik‹ geworden. Seine großen Zuwachsraten beruhen auf seiner Bedeutung für die großen transformatorischen Veränderungen unserer technischen Welt in Bereichen wie der Mobilität und der Energiegewinnung, auf technischen Entwicklungen also, von denen wir einen wesentlichen Beitrag zur Lösung der Umweltproblematik erwarten.

6.2 Leistungselektronik, Basistechnologie für die großen ›Transformationsthemen‹ wie E-Mobilität und Photovoltaik

In der Leistungselektronik geht es um das Schalten und Steuern großer Ströme und Spannungen. Einige Beispiele für die entsprechenden Bauelemente und technischen Anwendungen sollen dies illustrieren. Benötigt werden z.B.

Gleichrichter: Gleichrichter verwandeln eine Wechselspannung in eine Gleichspannung.

Wechselrichter: Ein Wechselrichter verwandelt umgekehrt eine Gleichspannung in eine Wechselspannung

Wechselspannungsumrichter: Er verwandelt eine Wechselspannung in eine andere Wechselspannung, z.B. eine solche mit anderer Frequenz oder anderer Amplitude.

Einige auch dem Laien geläufige Beispiele sollen Anwendungen solcher Bauelemente aufzeigen:

In Photovoltaikanlagen entsteht vom Prinzip her eine Gleichspannung. Unsere elektrischen Versorgungsnetze arbeiten aber mit Wechselstrom. Für eine Einspeisung der Solarenergie in das Netz bedarf es also eines Wechselrichters.

Die erzeugte Energie einer Photovoltaikanlage wird für sonnenarme Zeiten in einer Batterie gespeichert. Diese gibt eine Gleichspannung ab. Da die meisten elektrischen Geräte aber mit Wechselspannung betrieben werden, muss diese Gleichspannung wieder in eine Wechselspannung verwandelt werden. Dazu dient also wiederum ein Wechselrichter.

Windräder erzeugen vom Prinzip her eine Wechselspannung. Ehe diese aber in das Netz eingespeist werden kann, wird in der Regel noch eine Umwandlung in einen Gleichspannungskreis vorgenommen, es ist ein Gleichrichter erforderlich. Dieser Zwischenschritt ist erforderlich, um mehrere Windräder, die bei unterschiedlichen Drehzahlen laufen, zusammenzuschalten.

Ein Wechselspannungsumrichter wiederum ist beispielsweise erforderlich, um einen Adapter vom amerikanischen Stromnetz auf das deutsche Stromnetz zu bauen.

Für diese hier nur exemplarisch geschilderten Anwendungen erweist sich das Siliziumkarbid als der Halbleiter der Wahl, durch seine überlegenen physikalischen Eigenschaften wie auch seinen technischen Entwicklungsstand. Es gab lange Zeit eine Leistungselektronik auf der Basis des Siliziums. Anders als bei den oben betrachteten Hochtemperatur-Bauelementen geht es an dieser Stelle also nicht um eine Substitution eines ungeeigneten Materials durch ein geeignetes, sondern um eine Verbesserung! So führt die große Bandlücke des 4H-SiC (E_{gap} = 3,26 eV) zu einer deutlich höheren Durchbruchsspannung und zur Möglichkeit kompakterer Bauelemente im Vergleich zu anderen Materialien wie insbesondere dem Silizium mit seiner Bandlücke von nur 1,12 eV. Letzterer Vorzug der kompakteren Bauelemente hat z.B. zur Folge, dass ein auf SiC-basierender Motor eines E-Autos viel kleiner ist als ein auf Si basierender. Der gewonnene Platz steht dann für eine größere Batterie zur Verfügung! Ein Vorzug des SiC gegenüber dem Silizium resultiert auch aus der Tatsache, dass das Siliziumkarbid über eine sehr hohe Wärmeleitung verfügt, die zweithöchste von allen Stoffen nach dem Diamanten. So kann die in einem Leistungsbauelement entstehende Wärme sehr effizient abgeleitet werden. Somit arbeitet ein Siliziumkarbid-Bauelement nicht nur, wie oben beschrieben, bei ungleich höheren Temperaturen als ein Siliziumbauelement, darüber hinaus erreicht es dank seiner exzellenten Wärmeleitung hohe Temperaturen überhaupt erst bei ungleich höheren elektrischen Belastungen.

So geht also die zunehmende Bedeutung der Leistungselektronik mit dem Aufkommen eines neuen Halbleiters, dem SiC, einher. Auch das Galliumnitrid ist im Zusammenhang mit ›Leistungselektronik‹ nicht zu vergessen, aber noch eher in einem Entwicklungsstadium.

Kapitel 7
Zur Geschichte und Materialproblematik des Siliziumkarbids

7.1 Vorgeschichte: Entdeckung und erste technische Herstellung

Von seltenen Materialien kann jedenfalls nicht die Rede sein, wenn wir von Siliziumkarbid SiC sprechen. Silizium (Si) ist mit 26% Gewichtsanteil das zweithäufigste Element der Erdkruste. Der Kohlenstoff (C) hat nur einen Anteil von 0.09%, aber angesichts seiner überragenden Bedeutung und Präsenz in der organischen Materie wird man ihn nicht als selten bezeichnen können. Die einfachste Verbindung dieser beiden Elemente, Siliziumkarbid (SiC), kommt hingegen in der Natur nur extrem selten vor, deshalb nämlich, weil die Komponenten Silizium und Kohlenstoff bevorzugt andere Verbindungen eingehen (wie z.B. Sand, SiO_2, oder das berühmt-berüchtigte Treibhausgas CO_2). Wie selten es ist, geht schon aus der Tatsache hervor, dass es erstmals im Einschlagkrater eines Meteoriten entdeckt wurde, dem Barringer Krater[49], wo es sich offenbar unter extremen Bedingungen gebildet hatte. Dort wurde es im Jahr 1904 von Henri Moissan entdeckt, nach welchem das als Schmuckstein klassifizierte Mineral *Moissanit* genannt wurde.

Als Edelstein ist Moissanit dem Diamanten sehr ähnlich. Um Diamant von Moissanit eindeutig zu unterscheiden, bedarf es eines ›Moissanit-Testers‹, der im Wesentlichen die elektrische Leitfähigkeit misst. Es hat, gerade in der Früh-

49 Dieser rührt von einem Meteoriten her, der vor etwa 50.000 Jahren in Arizona die Erde traf und dort einen Krater von ca. 200 m Durchmesser hinterließ.

zeit der SiC-Kristallzüchtung, nicht an Versuchen gefehlt, Siliziumkarbid als Schmuckstein zu vermarkten, freilich war diesem Bemühen letzten Endes kein Erfolg beschieden. Angesichts der Ähnlichkeit im Erscheinungsbild der beiden Materialien kann man sich fragen, wodurch dieses Scheitern eigentlich bedingt ist. Letztlich kommt man wohl nicht an der Tatsache vorbei: Es ist die Aura, die den Diamanten umgibt als Ausdruck von Noblesse, Reichtum, Liebe oder allem zugleich, und die dem Moissanit keine Chance gibt, er bleibt der arme Verwandte des Diamanten.

Einer so edlen Verwendung, wie sie den Diamanten zugedacht ist, in Schmuckstücken und Königskronen, ist es wahrscheinlich auch abträglich, dass das SiC in einem inzwischen gut beherrschten technischen Prozess hergestellt werden kann, während der Diamant nur an ganz besonderen Orten der Erde zu finden ist, in einem Suchprozess, dem stets auch ein Hauch von ›Glücksspiel‹ anhaftet. Schon 3 Jahre vor der Entdeckung kleinster Natur-Proben im Einschlagkrater des Meteoriten war der Acheson-Prozess[50] erfunden worden, nach welchem bis heute das SiC großtechnisch erzeugt wird. In einem sog. Carbid Ofen bildet sich aus Koks und Sand, also SiO_2, bei einer Temperatur von 2200 °C Siliziumkarbid nach der Reaktion

$$SiO_2 + 3C \rightarrow SiC + 2CO$$

Dies ist ein weiterer derjenigen chemischen Prozesse, die auch nach Beendigung des Zeitalters der fossilen Brennstoffe noch CO_2 produzieren.[51] Auf diese Weise werden

50 Acheson, Edwar Goodrich (1856–1931) war Chemiker und erfolgreicher industrieller Verwerter seiner Erfindungen, wohl nach dem Vorbild von Thomas Alva Edison, in dessen Firma er in jungen Jahren arbeitete.

51 Das CO reagiert mit der Atmosphäre und wird so zum Treibhausgas CO_2.

heute Millionen Tonnen von SiC erzeugt. Wegen seiner extremen Härte wird es – unter dem Namen *Karborund* (*Carborundum*) – als Schleifmittel verwendet.

Es zeigt sich, dass sich in dem so erzeugten ›Acheson-Material‹ gelegentlich zentimetergroße einkristalline Blättchen herausbilden, wie sie auf Bild 7.1 zu sehen sind.

Bild 7.1 Acheson Material. Solche Materialproben sind in vielen Kristallläden erhältlich. Foto: Bruxton

Als der Verfasser dieses Büchleins erstmals dem Halbleiter SiC begegnete, in den *Siemens-Forschungslaboratorien*, gab es diesen noch nicht in der Standardform der Halbleitertechnologie, als ›Wafer‹, sondern nur als diese Blättchen. Einige davon erwiesen sich immerhin als rein genug und von ausreichender Größe und kristalliner Qualität, um damit das SiC auf seine Halbleitereigenschaften hin zu untersuchen. Entsprechend den beiden in Abschnitt 2.1 gegebenen Grundeigenschaften erweist es sich in der Tat als Halbleitermaterial: Seine elektrische Leitfähigkeit lässt sich in weiten Grenzen durch ›Dotieren‹, also die Zugabe von Fremdstoffen, einstellen, und diese Leitfähigkeit existiert je nach Dotant sowohl als n-leitendes Material (mit freien Elektronen als Ladungsträgern) wie auch als p-leitendes Material (mit freien ›Löchern‹ als Ladungsträgern). Es war der dortigen Arbeitsgruppe sogar gelungen, eine blaue Leuchtdiode auf der Basis SiC herzustellen.[52] Ihre Intensität[53] war zwar sehr gering, aber da es die erste blaue Leuchtdiode auf dem Markt überhaupt war, fand sie doch ihre Abnehmer.

Die mit dem Acheson-Verfahren erzeugten Kristallblättchen sind freilich für eine großtechnische Nutzung für Halbleiter-Bauelemente nicht geeignet, sie sind zu klein, sie sind in der Regel allzu reich an Verunreinigungen und oft von unzureichender kristalliner Qualität. Hinzu kommt eine Komplikation, die weder beim Silizium noch beim Germanium und anderen gängigen Halbleitermaterialien auftritt, die Tatsache nämlich, dass das SiC in unterschiedlichen Kristallmodifikationen (›Polytypen‹) existiert, die sich in ihrer Struktur und damit auch in ihrer Bandlücke und anderen für die Halbleiternutzung relevanten Eigenschaften unterscheiden, u.a. als ›3C-SiC‹, als ›4H-SiC‹ und als ›6H-SiC‹. Um das Siliziumkarbid für eine Halbleiter-Industrie zu nutzen, wird ein Herstellungsverfahren benötigt, das es gestattet, Halbleiterscheiben (›Wafer‹) von annähernd vergleichbarem Durchmesser und von annähernd vergleichbarer Reinheit und Qualität herzustellen wie im Fall des Siliziums, und zwar gezielt für den jeweils gewünschten Polytyp.[54] Es hat Jahrzehnte gedauert, bis für das SiC ein solches Verfahren entwickelt war, nämlich bis in die 1990er Jahre hinein.

52 Hoffmann 1982.

53 Für Kenner: SiC ist ein indirekter Halbleiter, also schlecht geeignet für Leuchtdioden, s. Abschnitt 5.2a.

54 Von technischer Bedeutung sind die beiden in Tabelle 6.1 genannten Polytypen 4H-SiC und 6H-SiC.

7.2 Kristallzüchtung von Siliziumkarbid nach dem Verfahren der ›Physical Vapour Deposition‹

Das Silizium, wie auch das Germanium und andere Halbleiterkristalle, werden als Einkristall aus der Schmelze gezogen, s. dazu Bild 4.2a »Czochralski-Verfahren«. Dieses Verfahren lässt sich auf das SiC nicht übertragen, aus einem einfachen Grund: Das SiC schmilzt nicht. Selbst wenn man SiC auf extrem hohe Temperaturen (von etwa 2900 °C!) erhitzt, entsteht keine Schmelze, sondern das Material zerlegt sich in festen Kohlenstoff (Ruß) und flüssiges Silizium. Eine Kristallzüchtung aus der Schmelze scheidet also aus, es bleibt nur die Züchtung aus der Gasphase.

SiC-Kristalle werden nach dem Verfahren der *Physical Vapour Deposition* (›Physikalische Gasphasen-Abscheidung‹) hergestellt. Es wurde von Jan Anthony Lely[55] entwickelt und wird nach ihm auch als ›Lely-Verfahren‹ bezeichnet.[56]

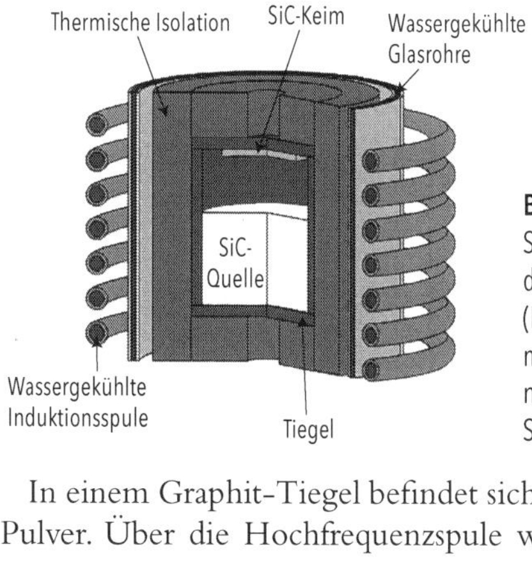

Bild 7.2 Züchtung von SiC Einkristallen nach dem PVT-Verfahren (Lely-Verfahren) mit freundlicher Genehmigung der SiCrystal GmbH

In einem Graphit-Tiegel befindet sich ein Vorrat an SiC-Pulver. Über die Hochfrequenzspule werden in die Gra-

55 Forscher bei *Philips Electronics.*
56 Lely 1958.

phit-Tiegelwand Ströme induziert, die den Züchtungsraum auf Temperaturen zwischen 2200 °C und 2500 °C aufheizen. Bei dieser Temperatur und einem Gasdruck von wenigen Millibar im Züchtungsraum verdampft das Siliziumkarbidpulver, aus der Dampfphase schlägt es sich dann nieder auf dem Kristallkeim, der am Deckel angebracht ist, es wächst dort ein Kristall.

Dieser Züchtungsprozess aus der Gasphase ist mit Problemen behaftet, die bei der Kristallzüchtung aus der Schmelze, also z.B. beim Silizium, nicht auftreten.[57] Sie werden im Folgenden kurz dargestellt.

a) Wachstumsgeschwindigkeit

Ein Kristallwachstum aus der Gasphase verläuft prinzipiell wesentlich langsamer als ein Wachstum aus der Schmelze. Dies ergibt sich schon aus der wesentlich geringeren Dichte der Teilchen in der Gasphase relativ zu derjenigen in der flüssigen Phase. Das Wachstum resultiert ja daraus, dass Atome aus der Umgebung auf den schon gewachsenen Kristall aufprasseln und an dessen Oberfläche haften bleiben. Da die Teilchendichte in einer Schmelze 2–3 Dekaden größer ist als in einem Gas, prasseln bei dieser pro Zeit sehr viel mehr Atome aus der Schmelze auf den wachsenden Kristall als bei einem Wachstum aus der Gasphase. In der Tat verhält es sich konkret so: Ein Siliziumkristall beim Czochralski-Prozess wächst mit einer Geschwindigkeit von ungefähr 100 mm pro Stunde. Das bedeutet: Ein Silizium-Kristall von etwa 1,5 m Länge, wie er auf Bild 4.2b zu sehen ist, ist in etwa 15 Stunden entstanden. Der SiC-Kristall im Lely-Prozess wächst hingegen nur mit ca. 100 µm pro Stunde, d.h. pro Tag entsteht nur ein Kristall von ca. 2,4 mm Länge,

57 Eckstein 1996.

erst in einigen Tagen sind Kristalle von Zentimetern Länge entstanden, aus denen dann die Kristallscheiben (die Wafer) für die Anwendung gesägt werden können. Es ist evident, dass sich allein aus diesem Umstand ein großer Kostenvorteil des Siliziums ergeben muss.

b) Durchmesservergrößerung

Elektronische Bauelemente werden in der Regel auf dünnen Scheiben des betreffenden Materials aufgebaut, den sog. ›Wafern‹. Es ist naheliegend, dass die Herstellungskosten elektronischer Bauelemente umso geringer sind, je größer der Wafer ist. Je größer der Wafer, desto mehr Bauelemente gegebener Struktur lassen sich aus ihm gewinnen. Bei gegebener Prozesstechnologie führt dies zu einer wesentlichen Reduzierung der Kosten.

Der in Bild 4.2b gezeigte Siliziumkristall hat einen Durchmesser von 30cm, aus ihm können also die heute in der Produktion von Siliziumbauelementen verwendeten Wafer von 30cm Durchmesser gesägt werden. So weit ist man beim Siliziumkarbid noch nicht. Das Problem der Durchmessergröße stellt sich beim Silizium ganz anders (und günstiger) dar als beim Siliziumkarbid.

Bild 4.2b zeigt, dass bei der Silizium-Kristallzüchtung der Kristall aus einem sehr dünnen Keim gewonnen wird, wie der dünne Hals (Ausschnitt oben rechts im Bild) von wenigen Millimetern Durchmesser zeigt. Die Dicke des an diesen Hals anwachsenden Kristalls ist im Wesentlichen bestimmt von der Geschwindigkeit, mit welcher der entstehende Kristall aus der Schmelze gezogen wird.

Ganz anders verhält es sich bei der SiC-Züchtung, siehe dazu Bild 7.2. Der Kristall wächst dadurch, dass sich aus der Gasphase Siliziumkarbid unten auf dem Keim bzw. dem schon gewachsenen Kristall niederschlägt. Das bedeutet, dass kaum eine Durchmesservergrößerung eintritt, vor allem aber hat es zur Folge, dass die Kristallbaufehler im Keimkristall sich in den wachsenden Kristall hinein fortsetzen. Keimdurchmesser und Keimqualität bestimmen ganz entscheidend Durchmesser und Kristallqualität des wachsenden Kristalls. Insofern ging die Entwicklung der Kristallzüchtung von Siliziumkarbid mühsam vonstatten über die Bereitstellung immer größerer und besserer Kristallkeime. Außerordentlich bemerkenswert ist unter diesen Umständen die rasante Entwicklung, die die Herstellung von Siliziumkarbid-Wafern in den vergangenen Jahren genommen hat. Bild 7.3 zeigt den erreichten Fortschritt. 150 mm-Wafer dominieren den Markt, 200 mm-Wafer sind in der Entwicklung und können im Labor bereits hergestellt werden.

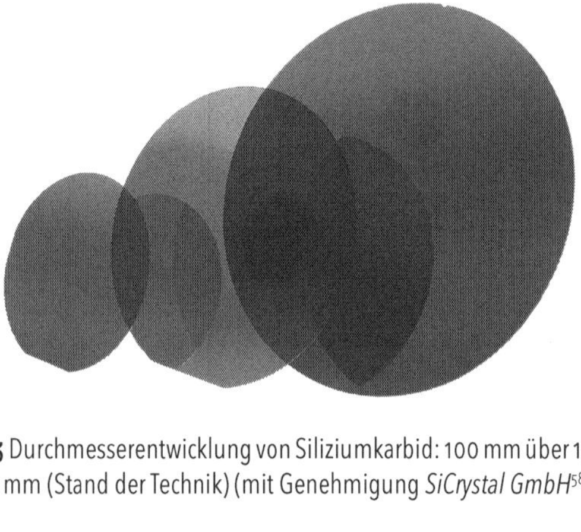

Bild 7.3 Durchmesserentwicklung von Siliziumkarbid: 100 mm über 150 mm bis 200 mm (Stand der Technik) (mit Genehmigung *SiCrystal GmbH*[58])

58 Die *SiCrystal GmbH*, eine aus dem Lehrstuhl des Autors an der Universität Erlangen hervorgegangene Gründung mit Sitz in Nürnberg, ist heute einer der führenden Anbieter von SiC-Wafern auf dem Weltmarkt (s. auch Bayerische Forschungsstiftung Bericht 2023: BFS_Jahresbericht_2023).

Dass es für das SiC gelungen ist, hinsichtlich der Wafergröße zum Silizium einigermaßen aufzuschließen, ist ein Beleg für den enormen, von den Anforderungen der Leistungselektronik ausgehenden Entwicklungsdruck.

c) Kristallqualität

Der soeben geschilderte Umstand, dass die Kristallbaufehler des Keims sich tendenziell in den wachsenden Kristall hinein fortsetzen, stellte eine wesentliche Erschwernis für die Gewinnung besserer Kristalle dar. Aus einem ›schlechten‹ Kristallkeim wird ein ›schlechter‹ Kristall, aus dem dann günstigenfalls ein leicht verbesserter Keim herausgeschnitten werden kann für den nächsten Züchtungsversuch. So schreitet man mühsam, über Generationen von Züchtungen, voran zu immer besseren Kristallkeimen.

Ein für das Siliziumkarbid spezifischer Defekt hat den Entwicklern besonderes Kopfzerbrechen bereitet: die sog. Mikroröhren, Röhren von bis zu einigen Mikrometern Durchmesser, die u.U. den ganzen Kristall durchziehen. In der Frühzeit der SiC-Technologie durchzogen oft mehrere 100 solcher Mikroröhren pro Quadratzentimeter den Kristall, Spötter verglichen den SiC-Kristall mit einem Schweizer Käse. Heute sind es nur noch wenige. Es stellte sich heraus, dass diese Mikroröhren das Resultat von inneren Spannungen im Material sind, die ihrerseits eine Folge von Temperaturunterschieden, also von thermischen Spannungen während des Züchtungsprozesses sind.[59] Der Ansatzpunkt zur Lösung des Problems war dementsprechend die Züchtung in sehr homogenen Temperaturfeldern. Dies setzte ein genaues Verständnis der Temperaturverteilung im Züchtungsraum voraus. Insofern spielte die rechne-

59 Hofmann 1999.

rische Modellierung der thermischen Verhältnisse eine wichtige Rolle. Die Fortschritte bei der Siliziumkarbid-Kristallzüchtung sind auch ein Ergebnis der Modellierung, die in der Kristallzüchtung immer bedeutender wird.

Trotz der eindrucksvollen Fortschritte bei der Materialentwicklung muss festgehalten werden, dass sich die SiC-Leistungselektronik noch in einem frühen Stadium der Anwendung und Nutzung befindet. Einige Zahlen sollen dies belegen: Im Jahr 2021 umfasste der auf SiC als Grundmaterial basierende Markt elektronischer Leistungselektronik-Bauelemente etwa 660 Mio. Dieser Wert umfasst freilich nur etwa 3 % des Marktes von Si-basierter Leistungselektronik. Legt man zugrunde, dass in Zukunft SiC-basierte Elektronik einen sehr viel größeren Marktanteil an der Leistungselektronik ausmachen wird, so wird klar, welch gigantisches Marktpotenzial sich hier auftut. Die dramatisch zu nennende Entwicklung wird angetrieben einerseits von dem gigantischen Bedarf aus den aktuellen Anwendungsfeldern E-Mobilität, Windkraft und Photovoltaik, zum andern aber von den technischen Möglichkeiten, die das Halbleitermaterial aufgrund seiner physikalischen Eigenschaften bietet. Diese technischen Möglichkeiten auch zu nutzen, ist eine Aufforderung an die entsprechenden Industriebranchen; ein Anfang ist gemacht, viel mehr noch nicht!

7.3 Fazit zur Situation des Halbleiters Siliziumkarbid in Hochtemperatur- und Leistungselektronik

Siliziumkarbid entwickelt sich zu einem wichtigen Halbleiter der modernen Elektronik. Siliziumkarbid-Bauelemente können auch noch bei hohen Temperaturen bis etwa 700 °C betrieben werden, während Silizium-basierte

Bauelemente in der Regel bereits bei Temperaturen von 200–300 °C versagen. Im Bereich der Leistungselektronik ist das Siliziumkarbid als Halbleitermaterial dem Silizium in mehrfacher Hinsicht überlegen (kompakte Bauweise, Leistungsfähigkeit der Bauelemente, Kosten, Temperaturbeständigkeit) und setzt sich auf diesem Markt zunehmend durch, trotz der spezifischen Probleme, die sich bei der Entwicklung des Züchtungsverfahrens – hohe Temperatur, Züchtung aus der Gasphase – stellten. Diese sind weitgehend überwunden, Größe und Qualität der auf dem Markt verfügbaren Wafer wie auch die Kosten gestatten es nun, die günstigen Eigenschaften des Materials auch in marktreifen Bauelement-Produkten zu Geltung zu bringen. Wenige große Lieferfirmen des Materials, darunter auch eine deutsche, beherrschen den rasant wachsenden Markt.

7.4 Zum Status der Herstellung von GaN-Wafern

Die zukünftige Rolle des Materials Galliumnitrid (GaN) als Konkurrenz zum SiC in der Leistungselektronik bleibt abzuwarten. Ein Herstellungsverfahren vergleichbar der *Physical Vapour Deposition*, wie es sich beim SiC durchgesetzt hat, ist jedenfalls nicht in Sicht, wohl aber andere Verfahren, die zu brauchbaren GaN-Wafern führen. Bei diesen Verfahren wächst nicht, wie in den anderen Kristallzüchtungsverfahren, ein Kristall auf einem Keim des betreffenden Materials, sondern man lässt GaN auf einem ›Fremdsubstrat‹ wachsen. Das Problem dabei ist, dass bei diesem Vorgehen das Substrat nicht die gleiche Kristallstruktur hat wie die darauf aufwachsende GaN-Kristallschicht, was zu einer hohen Konzentration von Kristalldefekten führt. Allerdings lässt sich die Konzentration der Kristalldefekte dadurch erheblich reduzieren, dass zwischen Fremdsubstrat und GaN eine geeignete Pufferschicht gelegt wird, die den Übergang zwischen den beiden Materialien sozusagen abmildert. Auf diese Weise lässt sich GaN auf den vergleichsweise preisgünstigen Saphir-Wafern in einem Gasphasen-Epitaxieprozess züchten, neuerdings sogar auf Si-Wafern, mit Siliziumnitrid (Si_3N_4) als Pufferschicht. Letzthin machte ein Meldung von sich reden, dass es auf diese Weise gelungen ist, auf Standard-Siliziumwafern, also 30 cm-Wafern, GaN hoher kristalliner Qualität aufzuwachsen.[60] Der große Vorzug ist, dass auf diese Weise GaN-Bauelemente in Silizium-Fertigungsanlagen hergestellt werden können.

Kapitel 8
Photovoltaik

8.1 Einführung

Photovoltaik, also die Technik der Herstellung von Strom über Solarzellen, soll zusammen mit der Windkraft die Energiequelle der Zukunft liefern. Nicht nur sollen auf diese Weise die herkömmlichen Elektrizitätswerke, basierend zumeist auf Kohle und Gas, ersetzt werden. Die technischen Transformationen unserer Zeit werden zu einem wesentlich höheren Strombedarf führen. Auch insofern kommt der ›regenerativen Energie‹ aus der Photovoltaik eine große Bedeutung zu.

60 https://www.powerelectronicsnews.com/infineon-successfully-develops-worlds-first-300-mm-power-gan-technology/ (12.9.2024)

Silizium ist derzeit das dominierende Halbleitermaterial für die Photovoltaik. Die Solarzellen, die wir bei einer Fahrt über Land sehen, auf den Dächern, zunehmend auch auf Feldern im freien Land, sind Silizium-Solarzellen. Was wir dort sehen, sind ›Module‹, Metallrahmen, die Siliziumplatten tragen, auffallende, schwere Konstruktionen, nicht jedes Dach verträgt überhaupt die Gewichtsbelastung, die mit einer Photovoltaik-Anlage verbunden ist. Angesichts dieses Anblicks wird leicht vergessen, dass eine Photovoltaikanlage auch ganz anders aussehen könnte. Sie könnte aus einer dünnen Schicht bestehen, einem Materialfilm viel dünner als einem Millimeter, der unauffällig z.B. die Dachziegel bedeckt oder die Fensterscheiben eines Gebäudes, oder sie könnte aus einer dünnen Plastikfolie auf einem Autodach oder einer Fassade bestehen. Sie könnte also ein viel einfacheres und auch leichteres Gebilde sein. Dass es nicht so ist, liegt daran, dass das Silizium als das mit Abstand meistgenutzte Material der Photovoltaik eigentlich für diesen Zweck gar nicht optimal geeignet ist. Sein Einsatz für diesen Zweck beruht in erster Linie auf seiner Verfügbarkeit als elektronisches Material und auf der Verfügbarkeit der Silizium-Technologie.

8.2 Funktionsweise der Solarzelle. Welche Anforderungen an den Halbleiter ergeben sich daraus?

Das Prinzip einer Solarzelle ist in Bild 2.1c sehr schematisch gezeigt. Sie besteht aus einem ›pn-Übergang‹, also einem Halbleiter, in dem ein n-dotierter und ein p-dotierter Bereich aneinanderstoßen. Die Solarzelle absorbiert die Energie des Sonnenlichts und wird dadurch zu einer Stromquelle, quasi einer Batterie, die zur Bereitstellung von elektrischer Energie genutzt werden kann, zum Betrieb einer Maschine, einer Klimaanlage oder einer Heizung, generell gesprochen zur Versorgung einer ›Last‹.

Zum Verständnis der Funktionsweise und damit auch der Anforderungen an das Material kommen wir auf einen Sachverhalt zurück, der in Abschnitt 2.3 zur Diskussion der Temperaturabhängigkeit der elektrischen Leitfähigkeit besprochen wurde. Dort kam zur Sprache, dass es in einem Halbleiter zwei Sorten von Elektronen gibt, die ›Valenzelektronen‹, die fest in die Struktur des Kristalls eingebunden sind, und die ›Leitungselektronen‹, die sich im Kristall frei bewegen können und daher einen Ladungstransport, also einen Stromfluss ermöglichen. Durch Energiezufuhr können die gebundenen Valenzelektronen aus dem Kristallgefüge herausgelöst und so in freie Elektronen verwandelt werden. Als Ergebnis dieser Anregung fehlt zugleich ein Elektron im Kristallgefüge, das sich als positive Ladung, als ›Loch‹, frei durch den Kristall bewegen kann. Durch Energiezufuhr entstehen also freie Ladungsträger im Halbleiter: freie Elektronen und freie Löcher, die nun als negative bzw. positive Ladungen für den Stromtransport zur Verfügung stehen. In der Solarzelle wird diese Energie zur Befreiung von Elektronen aus dem Kristallgefüge durch Absorption des Sonnenlichts aufgebracht.

Damit aus diesem Vorgang eine Stromquelle, also eine Solarzelle entsteht, muss noch erreicht werden, dass die durch Bestrahlung mit Licht produzierten negativen Ladungsträger bei Anschluss einer ›Last‹ an der einen Seite des Bauelements herausfließen, dort entsteht also der negative Pol der Stromquelle, die ›Kathode‹, und die positiven an der anderen Seite, dort entsteht also der positive Pol der Stromquelle, die ›Anode‹. Dies zu erreichen, ist gerade der Zweck des pn-Übergangs. Da an der Grenze zwischen dem n-Bereich und dem p-Bereich vorwiegend positive und vorwiegend negative Ladungen einander gegenüberüberstehen, entsteht dort ein elektrisches Feld, das die freien negativen Ladungen, also die Leitungselektronen, zur n-dotierten Seite hintreibt, von wo aus sie in den äußeren Stromkreis eintreten. Letzteres geschieht an der Kathode. Das gleiche elektrische Feld treibt die positiven Ladungsträger in die Gegenrichtung, also zur p-dotierten Seite hin. Dort bildet sich also der positive Pol der Stromquelle, die Anode. Der Vorgang lässt sich demnach summa summarum auch so beschreiben: Solange die Lichteinstrahlung besteht, verwandelt sich der pn-Übergang in eine Stromquelle.

Nun zu der Frage, welche Halbleitermaterialien für diesen Vorgang besonders geeignet sind. Da die von der Solarzelle gelieferte elektrische Energie letztlich dem Sonnenlicht entnommen wird, muss von dem Material verlangt werden, dass es dieses möglichst gut absorbiert. Wir erinnern uns an dieser Stelle an eine der großen Entdeckungen Einsteins, die Entdeckung nämlich, dass das Licht seine Energie in Form von ›Energiequanten‹, den ›Photonen‹, mit sich trägt. Der Absorptionsvorgang des Lichts in einer Solarzelle besteht dementsprechend darin, dass ein solches Photon ›verschluckt‹ wird, also aus dem Strahl verschwindet, wobei seine Energie für die Anregung eines Valenzelektrons unter Schaffung eines freien (negativen) Elektrons und eines freien (positiven) Lochs genutzt wird. Die Energie der Photonen des Sonnenlichts wird also dazu benutzt, Elektronen aus dem Bindungsgefüge zu befreien. Die dafür erforderliche Energie variiert von Halbleitermaterial zu Halbleitermaterial, in Absatz 6.1 (im Kontext von Tabelle 6.1) hatten wir sie als ›Bandlücke‹ (E_{gap}) bezeichnet. Es folgt aus dieser Überlegung, dass die Bandlücke des Halbleiters zur Photonenenergie des Sonnenlichts ›passen‘ muss. Genauer gesagt, zeigen die von der Sonne emittierten Photonen eine gewisse Energieverteilung, die wir als »Spektrum des Sonnenlichts« bezeichnen, so dass wir zu dem Ergebnis kommen: Die Bandlücke des Halbleiters muss möglichst gut zum Spektrum[61] des Sonnenlichts passen.

Bild 8.1 zeigt den Wirkungsgrad, den Solarzellen aus verschiedenen Halbleitermaterialien maximal erreichen können.[62]

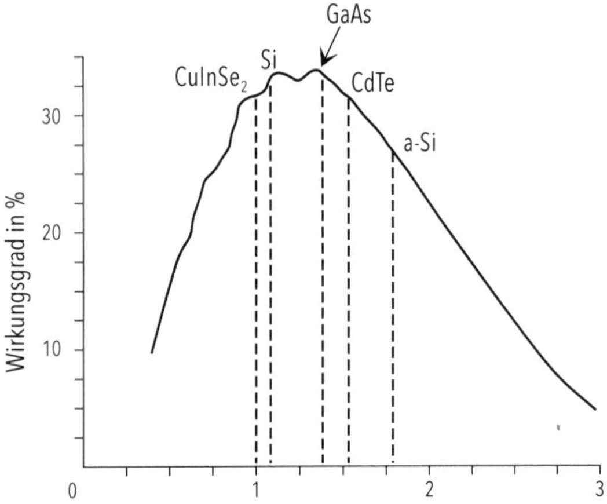

Bild 8.1 Maximaler Wirkungsgrad einer Solarzelle in Abhängigkeit von der Bandlücke. Verschiedene gängige Materialien sind beim Wert ihrer Bandlücke eingetragen (Bandlücke in eV):
Si: Silizium. GaAs: Galliumarsenid. CdTe: Cadmiumtellurid. aSi:H: Amorphes Silizium mit hohem Wasserstoffgehalt. $CuInSe_2$: Kupferindiumdiselenid.

61 Für Kenner: Üblicherweise wird als ›Sonnenspektrum‹ die Verteilung des Sonnenlichts über die Wellenlänge angegeben. Da aber die Wellenlänge λ des Lichts mit der Photonenenergie hν (ν = Frequenz des Lichts) über $\lambda = hc/\nu$ zusammenhängt, lässt sich die Wellenlängenabhängigkeit des Sonnenlichts natürlich direkt in die Frequenzabhängigkeit bzw. in die ›Photonenenergieabhängigkeit‹ umrechnen.

62 Dieser für die jeweilige Bandlücke – also das jeweilige Halbleitermaterial – erreichbare Maximalwert heißt das ›Shockley-Queisser-Limit‹.

Die Energie der Sonnen-Photonen darf nicht zu groß sein gegenüber der Bandlücke, dann erhalten die freigesetzten Elektronen und Löcher zu viel Energie, die dann als Wärme an das Kristallgitter abgegeben wird. Sie darf aber auch nicht kleiner sein als die Bandlücke, dann können gar keine freien Ladungsträger angeregt werden. Daraus ergibt sich ein Optimum für die Bandlücke des Halbleiters: Den höchsten Wirkungsgrad (das ist das Verhältnis der in der Solarzelle gewinnbaren elektrischen Energie zur einfallenden Lichtenergie) würde gemäß Bild 8.1 ein Material mit einer Bandlücke von $E_G = 1{,}34$ eV erreichen, mit einem Wirkungsgrad von 33,7 %. Das Silizium kommt diesem Optimum recht nahe, mit seiner Bandlücke von $E_G = 1{,}12$ eV ist ein Shockley[63]-Queisser[64]-Limit von 32 % verbunden. De facto wurden 26,7 % erreicht.[65] In der Massenfertigung von Silizium-Solarzellen-Modulen werden Wirkungsgrade bis 23 % realisiert.

Der Blick auf Bild 8.1 zeigt, dass Silizium, wie aber auch andere Halbleiter, recht nahe am Optimum liegt.

8.3 Dünnschicht- und Dickschichtsolarzellen

Bei der Abwägung der Eignung verschiedener Halbleiter für die Photovoltaik kommt noch ein wichtiger, bisher noch nicht betrachteter Gesichtspunkt ins Spiel, nämlich die Unterscheidung zwischen ›direkten‹ und ›indirek-

63 William B. Shockley (1910–89), amerikanischer Physiker, ein Pionier des Silicon Valley, Nobelpreis 1956 zusammen mit W. Brattain und J. Bardeen für die Erfindung des Transistors.

64 Hans Joachim Queisser (6.7.1931–27.6.2025), deutscher Halbleiterphysiker, em. Direktor *Max-Planck-Institut für Festkörperforschung* Stuttgart.

65 Yoshikawa 2017.

ten‹ Halbleitern, die bereits in Kapitel 5.2a »Prinzip der Leuchtdiode, direkte und indirekte Halbleiter« eine Rolle spielt. Dort wird der lichterzeugende Prozess in einer Leuchtdiode beschrieben als ein Vorgang, bei welchem ein frei bewegliches Elektron auf einen leeren, einen unbesetzten Platz im Bindungsgefüge des Kristalls springt und die dabei freiwerdende Energie in ein ›Lichtteilchen‹, ein Photon, umgewandelt wird. Dieser Prozess ist in gewissen Halbleitermaterialien nicht möglich, er ist aus den Prinzipien der Physik heraus ›verboten‹. Solche Halbleiter heißen ›indirekte‹ Halbleiter, die anderen sind die ›direkten‹ Halbleiter. Vergleicht man diesen lichterzeugenden Prozess mit dem oben in Abschnitt 8.2 beschriebenen Funktionsprinzip der Solarzelle, so sieht man: Der physikalische Prozess, auf dem die Leuchtdiode basiert, ist gerade der umgekehrte Prozess desjenigen, welcher der Solarzelle zugrunde liegt. In Letzterer wird kein Photon erzeugt, sondern eines absorbiert, und kein leerer Platz im Bindungsgefüge gefüllt, sondern erzeugt.

Macht man sich diesen reziproken Charakter der beiden Prozesse klar, so wird auch evident, dass die gleichen physikalischen Gründe, die den Prozess in der Leuchtdiode verbieten, auch denjenigen in der Solarzelle verbieten. Mit anderen Worten: Ein indirekter Halbleiter ist nicht nur ungeeignet zur Erzeugung von Licht in einer Leuchtdiode, er ist auch sehr schlecht geeignet zur Absorption des Lichts (und damit zur Stromerzeugung) in einer Solarzelle. Das würde also für das Silizium als indirekten Halbleiter zutreffen.

An dieser Stelle gerät der Leser unweigerlich ins Stocken. Wieso ist denn dann das Silizium das dominante Material in der Photovoltaik? Die Auflösung des Paradoxons liegt darin, dass sozusagen beides richtig ist: Das Silizium ist ungeeignet als Leuchtdiode, aber zur Solarzelle ertüchtigt man es dadurch, dass man diese genügend dick macht, um das Licht – trotz des indirekten Charakters des Materials – quantitativ zu absorbieren. Darum haben Silizium-Solarzellen eine Dicke von 100–200 μm (100 μm sind 1/10 mm). Man spricht von einer ›Dickschichtsolarzelle‹.

Die anderen im Bild 8.1 vertretenen Materialien sind direkte Halbleiter, sie absorbieren das Sonnenlicht viel stärker als das Silizium, das heißt, eine Solarzelle aus diesen Materialien kann wesentlich dünner sein als eine Silizium-Solarzelle. Eine typische Dicke beträgt einige wenige μm (ein Mikrometer ist 1/1000 mm). Man spricht von ›Dünnschichtsolarzellen‹. Da Dünnschichtsolarzellen zwar keine dominierende, aber doch eine nicht unbedeutende Rolle in der Photovoltaik spielen, verdienen sie eine knappe Würdigung in einem Werk mit dem Titel »Silizium ist nicht alles«.

GaAs: GaAs ist ein direkter Halbleiter, die Solarzellen können also als sehr dünne Schichten mit geringem Gewicht gefertigt werden. Sehr hohe Wirkungsgrade nahe am Optimum des Shockley-Queisser-Limits werden erreicht. Die Herstellung von GaAs, aber auch seine Entsorgung ist – wegen des giftigen Arsens – wesentlich aufwändiger als die des Siliziums. Cum grano salis lässt sich sagen: Überall da, wo es nicht auf Kosten, sondern auf das Gewicht ankommt, hat GaAs als Dünnschichtsolarzelle seine Vorzüge: bei der Stromversorgung von Satelliten und Weltraum-Anwendungen im Allgemeinen, bei Testprojekten wie Solarflugzeugen und dergleichen. Bei den Weltraumanwendungen kommt dem GaAs noch zugute, dass es wegen des höheren Atomgewichts seiner Komponenten weniger empfindlich gegen Strahlenschäden ist als das Silizium.

Amorphes Silizium a-Si: Es handelt sich um die amorphe Form des Siliziums, einen Zustand, in welchem die Atome nicht mehr in streng periodischer Anordnung stehen, sondern in leicht variierenden Abständen und unter leicht verzerrten Winkeln angeordnet sind. Gelegentlich liest man, dass das amorphe Silizium, im Unterschied zum kristallinen, ein direkter Halbleiter sei. Ganz korrekt ist dies nicht. Vielmehr ist es so, dass in einem amorphen Festkörper die Unterscheidung zwischen ›direkt‹ und ›indirekt‹ nicht mehr streng vorgenommen werden kann, sie verwischt sich sozusagen zusammen mit der Aufhebung der strengen Periodizität der Struktur. Jedenfalls ist die Folge, dass auch das amorphe Silizium schon bei sehr kleinen Schichtdicken von wenigen Mikrometern das Sonnenlicht weitgehend absorbiert, die Solarzelle aus amorphem Silizium ist eine Dünnschichtsolarzelle. Unter Kostengesichtspunkten ist es besonders vorteilhaft, dass die dünnen Filme, aus denen sie besteht, in einem kostengünstigen Prozess aus einer Gasentladung abgeschieden werden können, nicht nur auf ebenen Flächen, sondern auch auf gekrümmten, so dass sie in sehr vielfältigen Umgebungen und Architekturen zum Einsatz kommen können. Da sie billig sind, kommen sie auch in vielen einfachen Anwendungen, wo der Wirkungsgrad nicht entscheidend ist, zur Anwendung, die kleinen Solarzellen in Taschenrechnern, Gartenlichtern, Spielzeugen sind in der Regel aus amorphem Silizium! Vorteile wie billige Herstellung, Möglichkeit gekrümmter Flächen, auch das geringe Gewicht im Vergleich zu den schweren Siliziummodulen, machen den geringen Wirkungsgrad für viele Anwendungen wieder wett, insofern fallen die Solarzellen aus amorphem Silizium in die Rubrik: Wirkungsgrad ist nicht alles in der Photovoltaik!

Cadmiumtellurid CdTe: Es handelt sich um eine kristalline Solarzelle mit nahezu optimaler Bandlücke, s. Bild 8.1. Die Verfügbarkeit der Materialien bringt sie in Nachteil gegenüber dem Silizium, vor allem aber der toxische Charakter des Cadmiums. Immerhin ist bemerkenswert, dass eines der größten Photovoltaik-Felder der Welt mit 52 MW Spitzenleistung bei Waldpolenz in Sachsen auf Cd-Te-Solarzellen basiert. Möglich gemacht ist dies durch eine Sondergenehmigung der EU, nachdem geklärt ist, dass auch bei schweren Störfällen wie etwa einem Brand kein Cadmium in die Umwelt gelangt. Der Anteil des CdTe am Photovoltaikmarkt wird immerhin mit 5 % angegeben.

Kupferindiumdiselenid (CIS) $CuInSe_2$: Auch dieses ermöglicht Solarzellen mit hohem Wirkungsgrad mit den allgemeinen Vorzügen einer Dünnschichtsolarzelle. Der Marktanteil beträgt derzeit etwa 4 % mit steigender Tendenz. Ein gravierendes Handicap ist der hohe Preis des Indiums, dass sich durch seine vielfältigen Anwendungen als Halbleitermaterial InP und als durchsichtige Elektrode ›Indiumzinnoxid‹[66] in der Optoelektronik um ein Vielfaches verteuert hat.

Perowskite: Eine sehr junge, aber vielversprechende und viel beachtete Entwicklung stellen die sog. Perowskite[67] dar. Die Effizienz von Solarzellen auf dieser Basis konnte innerhalb von nur etwa 10 Jahren auf Werte gesteigert werden, die vergleichbar mit den besten Werten für Si-Solarzellen sind. Zwei Probleme stehen aber einer Nutzung noch im Wege: Die Lebensdauer der Zellen ist einstweilen viel zu niedrig. Während die Lebensdauer von Siliziumzellen sich auf mindestens 20 Jahre beläuft, ist bei Perowskitzellen schon innerhalb eines Jahres eine signifikante Degradation zu beobachten. Ein anderes Problem stellt unter dem Gesichtspunkt der Toxizität der Bleigehalt der Materialien dar. Zinn als Ersatz erweist sich als Möglichkeit, aber die Lebensdauer dieser Zinn-Perowskit-Solarzellen ist noch

66 Unter Technologen geläufig als ITO (Indiumtinoxide).

67 Für den Kenner: Das ist eine Verbindungsklasse des Typs $CH_3NH_3PbX_3$, wobei X für ein Halogen steht.

unbefriedigender. Die Entwicklung ist jedenfalls im Fluss, auszuschließen ist nicht, dass bei den Perowskiten ein großer Durchbruch in der Photovoltaik gelingen kann.

Organische Solarzellen: Auf das Anwendungspotenzial organischer Solarzellen kommen wir in Kapitel 9 zurück. Von einer umfassenden Nutzung kann jedenfalls derzeit noch nicht gesprochen werden, insbesondere stellt die Haltbarkeit ein Problem dar unter den harschen (Wetter-) Bedingungen, denen eine Solarzelle ausgesetzt ist.

8.4 Fazit unter dem Gesichtspunkt »Silizium ist nicht alles«

Der Photovoltaikmarkt wird dominiert vom Halbleiter Silizium, etwa 90% aller Photovoltaikanlagen basieren auf Silizium. Es kann von einer etablierten Technologie die Rede sein.

Umso auffallender ist es, dass dennoch auf diesem Gebiet mehr als auf anderen Gebieten der Elektronik nach neuen Materialien gesucht wird. Letztlich dürfte das damit zusammenhängen, dass das Silizium, bei allen Meriten in der Photovoltaik, in einer Hinsicht eben doch einen ›Geburtsfehler‹ hat: Es ist ein indirekter Halbleiter, der deshalb zwangsläufig zu Dickschichtsolarzellen hinführt, mit den besprochenen Problemen wie Gewicht, Materialeinsatz, Herstellungskosten und Energieaufwand für das Grundmaterial usw. Es ist kein Zufall, dass all die anderen in Arbeit befindlichen Materialien direkte Halbleiter, also Materialien für Dünnschichtsolarzellen sind, mit der Perspektive, dieses Manko des Siliziums zu beheben.

Kapitel 9
Organische Elektronik

9.1 Leitfähige Polymere

Wenn im Zusammenhang mit der Thematik dieses Buches »Silizium ist nicht alles« bisher von anderen Halbleitermaterialien als dem Silizium die Rede war, dann zumindest doch von Materialien, die dem Silizium recht ähnlich sind. Für das Siliziumkarbid SiC trifft das auf jeden Fall zu hinsichtlich seiner chemischen Zusammensetzung: Silizium gehört der vierten Gruppe des Periodensystems der Elemente an. Im SiC verbindet es sich mit einem anderen Atom der vierten Gruppe, dem Kohlenstoff, woraus mancherlei Ähnlichkeit der chemischen und physikalischen Eigenschaften resultiert. So stellt sich etwa die für einen Halbleiter entscheidende Frage der Dotierbarkeit ganz ähnlich wie beim Silizium.

Noch offensichtlicher ist die Ähnlichkeit der III-V-Verbindungshalbleiter zum Silizium. Dies betrifft insbesondere die Struktur, s. den Vergleich von Silizium und GaAs in Bild 5.1. Der Entdecker Heinrich Welker sprach deshalb von den III-V-Verbindungshalbleitern als »Nachbildungen« des Siliziums. Auf dieser Grundlage konnte er deren wichtigste physikalische und elektronische Eigenschaften und damit auch ihre Halbleiter-Natur voraussagen.

Ganz anders stellt sich die Situation dar beim Blick auf ein neues, sich zunehmend entfaltendes Gebiet der Elektronik, die ›Organische Elektronik‹. Für jeden Halbleiterphysiker oder Halbleitertechnologen dürfte es eine große Überraschung gewesen sein, als er erstmals davon hörte, dass auch Kunststoffe, ›Plastik‹, sich als Grundmaterial für Elektronik eignen, dass es also Gleichrichter, Transistoren, Solarzellen und Leuchtdioden aus Kunststoffen geben könne. Kunststoffe wie Polyäthylen oder Polyacetylen waren dem Elektrotechniker ja allenfalls bekannt als Isolatoren. Elektrische Kabel wurden und werden mit Kunststoffen umgeben, Steckdosen in Kunststoffe eingebettet, um sie elektrisch zu isolieren und uns bei der Handhabung vor einem elektrischen Schlag zu schützen.

Kunststoffe als ›Halbleiter‹? In Kapitel 2 ist beschrieben, was einen Halbleiter ausmacht, nämlich als charakteristische Eigenschaft die Fähigkeit, ihm durch ›Dotieren‹ die eine oder die andere Art von elektrischer Leitfähigkeit zu verleihen, eine n-Leitfähigkeit oder eine p-Leitfähigkeit. Wie sieht es damit aus bei Kunststoffen: Materialien, deren gemeinsames Merkmal die Kette von Kohlenstoffatomen ist, wie in Bild 9.1 am einfachen Beispiel des ›Polyacetylens‹[68] gezeigt.

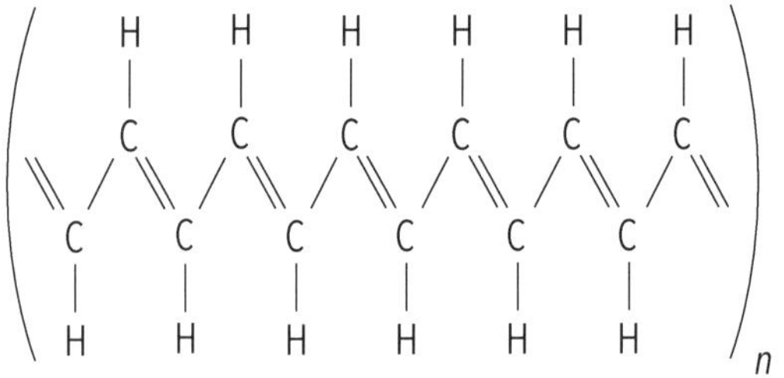

Bild 9.1 Struktur Polyacetylen

Unmittelbar zu erkennen ist die Zugehörigkeit des Kohlenstoffs zur vierten Gruppe des Periodensystems: Von jedem Kohlenstoff-Atom gehen vier ›Bindungsärmchen‹, sprich vier ›Bindungsorbitale‹ aus, drei zu den benachbar-

68 Für Kenner: das durch Aneinanderreihen von Acetylenmolekülen gebildete Polymer. Acetylen ist also das ›Monomer‹ des Polyacetylens.

ten Atomen in der Kohlenstoffkette, eines zum Wasserstoffatom H. Damit ist aber zugleich offensichtlich, dass es sich bei einem Polymer um einen Isolator handelt. Alle 4 Valenzelektronen, über die der Kohlenstoff als Element der 4. Gruppe des Periodensystems verfügt, sind für die chemische Bindung in Anspruch genommen, es gibt keine frei beweglichen Elektronen, es kann also kein Strom zustande kommen. Die Erkenntnis der drei Wissenschaftler Alan J. Heeger, Alan Mac Darmid und Hideki Shirakawa[69] war es nun, dass man auch einem solchen System eine elektrische Leitfähigkeit verleihen kann. Setzt man nämlich einem solchen Polymermaterial ein Atom wie z.B. Natrium zu, das sehr leicht, mit wenig Energiezufuhr, ein Elektron abgibt,[70] so lagert sich dieses an die Polymerkette an und gibt sein Elektron an die Kette ab. Eine solche Kohlenstoff-Wasserstoffkette, das Polymermolekül, hat somit ein Elektron mehr als für seine chemische Bindung, für seine Struktur, erforderlich. Dieses ist nun frei beweglich entlang der Kette. Da in einem Polymer, also einem durch Aneinanderlagern von vielen solchen Polymerketten gebildeten Festkörper, die Ketten dicht beieinander liegen, kann dieses Elektron nun von Kette zu Kette weiterspringen, sich durch den gesamten Festkörper von Elektrode zu Elektrode bewegen und somit bei Anlegen einer Spannung zum Träger eines Stromes werden.[71]

69 Alan J. Heeger (* 1936), US-amerikanischer Physiker, Univ. of California Santa Barbara. Alan MacDiarmid (1927–2007), neuseeländischer Chemiker, Univ. of Pennsylvania. Hideki Shirakawa (1936), japanischer Chemiker, Univ. of Tsukuba. Die drei Forscher erhielten den Nobelpreis für Chemie 2000 für die Entdeckung der leitfähigen Polymere.

70 Chemisch gesprochen: ein Reduktionsmittel.

71 Die Rolle des Natriums als eines Stoffes, der besonders leicht ein Elektron abgibt, kann auch ein anderes Element der 1. Gruppe des Periodensystems übernehmen, also ein Alkali.

Etwas Analoges geschieht, wenn wir dem Polymer ein Atom oder Molekül zusetzen, das nicht, wie das Natrium, leicht ein Elektron abgibt, sondern eines, das leicht ein Elektron aus seiner Umgebung aufnimmt. Ein solches Atom ist beispielsweise das Iod.[72] Es kann sich dann an die Polymerkette anlagern und aus dieser ein Elektron herausziehen. Dieser Polymerkette fehlt dann ein Elektron für seine Bindungsstruktur, es entsteht ein Loch im elektronischen Gefüge des Polymers, das zunächst entlang der Kette wandern, dann von Kette zu Kette springen kann und somit zu einem positiv geladenen Träger eines Stromes wird bei Anlegen einer Spannung.

Nach dieser Methode, nämlich durch Zusatz von Iod zu Polyäthylen, konnten Heeger, MacDiarmid und Hideki Shirakawa erstmals ein hoch leitfähiges Polymer herstellen.

Dies war an sich schon eine Errungenschaft, denn für gut leitfähige Kunststoffe besteht durchaus ein Bedarf in der Technik, man muss an dieser Stelle noch gar nicht an elektronische Bauelemente denken. Die meisten Leser werden dieser Erscheinung schon begegnet sein: Nach Laufen über einen Kunststoffboden erhält man einen durchaus merklichen und lästigen elektrischen Schlag, wenn man sich mit der Hand einer metallischen Türklinke nähert. Dieses Phänomen führt zu vielfältigen Problemen, in Fabrikhallen, wo überspringende Funken zu Schäden führen können, in einem Operationssaal, wo ein vom Skalpell aus überspringender Funke zu einem Zucken der Hand führen kann, u.a.m. Ein elektrisch leitfähiger Boden löst derartige Probleme, aber vor der Entdeckung von Heeger et. al. war die einzige Methode, einem Kunststoff elektrische

72 Also, chemisch gesprochen, ein Oxidationsmittel. Wie beispielsweise auch ein anderes Element der 7. Guppe des Periodensystems, ein Halogen.

Leitfähigkeit zu verleihen, der Zusatz von Ruß, feinem Graphitstaub. Aber das macht den Kunststoff zwangsläufig schwarz, was in konkreten Fällen wie Fabrikationsräumen und Operationssälen eher unerwünscht ist.

Also: Die Möglichkeit, gut elektrisch leitende Kunststoffe herzustellen, war durchaus eine nützliche Errungenschaft. Die Entstehung einer organischen Elektronik freilich beruht wesentlich auf einem ganz anderen Weg, Kunststoffen eine elektronische Leitfähigkeit zu verleihen, sei es eine n-Leitfähigkeit oder eine p-Leitfähigkeit, nämlich dem der ›Injektion‹ von Ladungsträgern.

9.2 Leitfähigkeit von organischen Materialien durch Injektion von Ladungsträgern

Als der Verfasser dieses Büchleins erstmals mit Erstaunen davon hörte, dass man einen Strom durch einen Kunststoff leiten könne, der doch an sich ein ausgezeichneter Isolator ist, verwies ihn sein Gesprächspartner auf den Fall der Vakuumröhre, die als elektronisches Bauelement die Frühzeit der Elektronik bestimmte. Bild 9.2 zeigt eine solche.

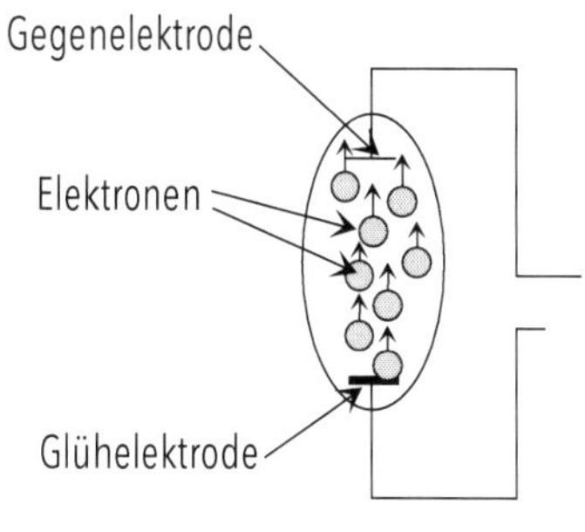

Bild 9.2 Die ›klassische‹ Vakuumröhre

Die klassische Vakuumröhre bestand aus einem evakuierten Glasgefäß, in das zwei metallische Elektroden eingeführt waren, eine beheizbare ›Glühelektrode‹ und eine Gegenelektrode. Im Bild ist die Glühelektrode an den negativen Pol einer Spannungsquelle gehängt, die Gegenelektrode an den positiven Pol. Wenn die Glühelektrode auf eine hinreichend hohe Temperatur gebracht wird, so dampfen aus ihr Elektronen in den Vakuumraum hinein. Sie werden von der positiven Gegenelektrode angezogen und wandern durch das Vakuum zu dieser hin, es fließt ein Strom. Niemand wird bestreiten, dass das Vakuum ein perfekter Isolator ist. Das heißt, es fließt ein Strom durch einen perfekten Isolator, der von Hause aus keinerlei Ladungsträger enthält. Ein Strom entsteht dadurch, dass von der Glühelektrode aus Ladungsträger injiziert werden. Genauso lässt sich ein Strom in einem Kunststoff, also einem sehr guten Isolator, erzeugen, indem in das Material, welches ›intrinsisch‹ keine frei beweglichen Ladungsträger enthält, über eine Elektrode Ladungsträger injiziert werden (Bild 9.3).

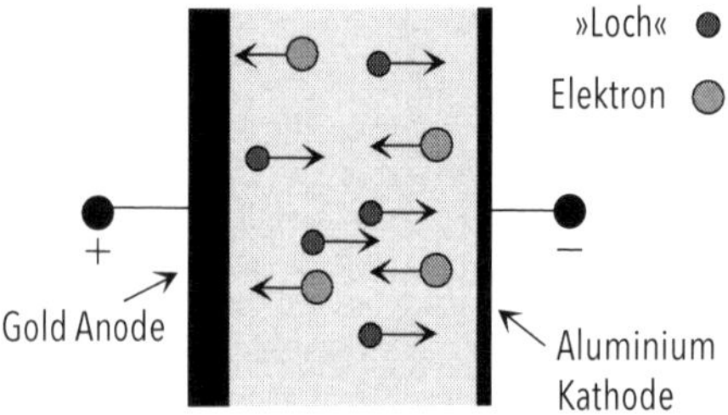

Bild 9.3 Stromleitung durch Ladungsträgerinjektion in einem Polymer

Das Bild zeigt eine Probe eines Polymers (PEDOT[73]), auf deren Seitenflächen Elektroden angebracht sind, eine

73 Geläufige Kurzbezeichnung für ein bestimmtes Polymer.

Goldelektrode auf der einen Seite, eine Aluminiumelektrode auf der anderen. Das Vorzeichen der angelegten Spannung sei so, dass an der Aluminiumelektrode der negative Pol, an der Goldseite der positive Pol liegt. Betrachten wir zunächst die Vorgänge auf der Seite der Goldelektrode: Es hängt mit den chemischen Eigenschaften des Goldes als eines Edelmetalls zusammen, dass nur wenig Energie erforderlich ist, damit ein Elektron aus dem Bindungsgefüge des PEDOT in die Goldelektrode übertritt, die Wahrscheinlichkeit ist demnach hoch, dass dies geschieht. Es sitzt also dann ein ›Loch‹ (äquivalent einem positiven Ladungsträger) auf der Polymerkette, die vor der Elektrode sitzt. Bei Anlegen einer Spannung wandert diese positive Ladung in Richtung der negativen Elektrode, also in Richtung der Aluminiumelektrode. Das heißt, von der Goldelektrode aus werden positive Ladungsträger in das PEDOT injiziert und stehen dann für den Stromtransport zur Verfügung. Auf der Gegenseite befindet sich die Aluminiumelektrode. Der unedle Charakter des Aluminiums bringt es mit sich, dass dieses mit wenig Energieaufwand ein Elektron an das PEDOT abgibt, welches dann als frei bewegliches Elektron durch das PEDOT in Richtung der positiven Goldelektrode wandert. Das heißt: Von der Aluminiumelektrode aus werden Elektronen in das PEDOT injiziert, die dann zu Trägern eines Stromes werden können.

Es handelt sich also in Bild 9.3 in der Tat um den Fall einer Leitfähigkeit, die dadurch entsteht, dass Ladungsträger nicht von Hause aus im Material vorhanden sind, sondern in dieses injiziert werden.

Nun gibt es Materialien, bei denen dieser Transportmechanismus für die Elektronen viel schneller funktioniert als für die (positiven) Löcher. In diesem Fall spricht man von einem ›Elektronen-Transport-Material‹ (*Electron Transport*

Material ETM), im umgekehrten Falle von einem ›Loch-Transport-Material‹ (*Hole Transport Material* HTM). Gewisse organische Stoffe sind sehr gute ETMs, andere sehr gute HTMs. Wir hatten am Schluss des 1. Kapitels davon gesprochen, dass viele Bauelemente auf den Vorgängen beruhen, die in der Grenzfläche zwischen einem n-Halbleiter und einem p-Halbleiter ablaufen, dort also, wo sich bei Anlegen einer Spannung die negativ geladenen Elektronen und die positiv geladenen Löcher begegnen (s. dazu auch Bild 2.1). Analoges passiert in der Grenzfläche zwischen einer Elektronen-Transport-Schicht und einer Loch-Transport-Schicht, wo sich bei Anlegen einer Spannung negative und positive Ladungen begegnen. Insofern lassen sich auch aus organischen Materialien Gleichrichterdioden, Leuchtdioden, Solarzellen und auch Transistoren und weitere Bauelemente herstellen. Erhebliche praktische Bedeutung haben inzwischen organische Leuchtdioden und organische Solarzellen erlangt.

9.3 Organische Leuchtdioden (Organic light emitting diodes OLEDS)

In der anorganischen Leuchtdiode entsteht das Licht dadurch, dass in der Grenzfläche zwischen n- und p-Halbleiter die freien Elektronen des n-Halbleiters auf die freien Plätze im p-Halbleiter (also die positiven ›Löcher‹) springen und die dabei freiwerdende Energie in Licht, in ›Photonen‹, verwandelt wird. Die bei diesem Vorgang freiwerdende Energie ist charakteristisch für den betreffenden Halbleiter, d.h. die Photonenenergie und damit auch die Farbe des emittierten Lichts sind durch das verwendete Halbleitermaterial festgelegt. Bei den organischen Leuchtdioden ist der Zusammenhang zwischen Material und Wellenlänge etwas komplizierter: In der organischen Leuchtdiode stoßen in der Regel zwei verschiedene Materialien, der Elektronenleiter und der Lochleiter, zusammen, die Farbe des emittierten Lichts ist also bedingt durch die physikalischen Eigenschaften zweier verschiedener Materialien.

Auf solche physikalischen Unterscheidungen soll hier nicht eingegangen werden, sondern nur auf einige praktisch relevante Unterschiede zwischen organischen Leuchtdioden (OLEDs) und anorganischen Leuchtdioden (LEDs):

1. Die Effizienz der LEDs ist höher (s. Abschnitt 5.2e) als die der OLEDs (ca. 75 % versus 50 %).
2. Die Lebensdauer der LEDs ist höher, sie beträgt etwa 50.000–100.000 Stunden, die der der OLEDs allenfalls einige 10.000 Stunden.[74]
3. Die Herstellung von OLEDs ist – jedenfalls prinzipiell – wesentlich einfacher und billiger: LEDs werden in einem Hochtemperatur-Epitaxieprozess hergestellt, OLEDs können auf Substrate wie Folien, Gläser etc. aufgedampft oder gedruckt werden.
4. Ein Vorteil der OLEDs ist der, dass sie auf flexible Substrate gedruckt werden können. Dies erschließt ganz neue Anwendungen, wie flexible, z.B. aufrollbare Displays, neue Designs für Lampen etc.

Die wohl am weitesten fortgeschrittene Anwendung von organischen Leuchtdioden (oder allgemeiner von organischer Elektronik überhaupt) sind Bildschirme auf der Basis von organischen Leuchtdioden. In jedem Pixel sitzen drei OLEDs (rot, grün, blau), die je nach ihrer jeweiligen Intensität jede Farbe produzieren können. Als grundsätzlicher Vorteil gegenüber den marktbeherrschenden Flüssigkristall-Bildschirmen ist der hohe Kontrast zu nennen, da das

74 Zur Einordnung: Ein Jahr hat ca. 8760 Stunden.

Farbdreieck durch die OLEDs sehr gut ausgeleuchtet wird, sowie die geringen ›Schwarzwerte‹. Ein ›schwarzes‹ Pixel in einem Flüssigkristall-Bildschirm ist nie ganz schwarz, da ja die Hintergrundbeleuchtung stets aktiv ist. Anders bei einem OLED-Bildschirm: ›Schwarz‹ heißt hier einfach, dass die drei Leuchtdioden des Pixels ausgeschaltet sind.

Ein gewichtiger Vorteil der OLED-Bildschirme resultiert aus der Möglichkeit, die aufwändige Pixelstruktur mit den drei OLEDs pro Pixel im Druckverfahren herzustellen. Deshalb haben sich von Beginn an Druckmaschinenfirmen für diese Entwicklung interessiert.

Ein Nachteil der OLED-Bildschirme ist, wie schon erwähnt, die relativ geringe Lebensdauer in der Größenordnung 10.000 Stunden, bedingt durch die beschränkten Lebensdauern der Leuchtdioden. Problematisch ist es insbesondere, dass die OLEDs für die drei Farben unterschiedlich schnell altern, am schnellsten die blauen, so dass sich der Farbeindruck im Zuge des Alterungsprozesses verändert. Ein Faktor für die begrenzte Lebensdauer ist die Empfindlichkeit gegenüber Feuchtigkeit und Sauerstoff. Wie in Abschnitt 9.2 erläutert, besteht die Kathode prinzipiell aus einem unedlen Metall, in der Regel Aluminium mit einer dünnen Calziumbeschichtung, das sehr leicht mit der Atmosphäre reagiert. Entscheidend ist daher eine gute Verkapselung, welche einen Kostenfaktor darstellt. Wie sich die Marktanteile (OLEDs gegen Flüssigkristall-Bildschirme) weiter entwickeln werden, bleibt abzuwarten.

Nicht nur für Bildschirme, auch für die Raumbeleuchtung sind OLEDs von erheblichem Interesse. Vor allem dank der Möglichkeit, sie auf flexiblen Folien aufzubringen, ergeben sich für Designer ganz neue Möglichkeiten der Beleuchtung von Räumlichkeiten. Nur eine avantgardistische Variante sei erwähnt: Man verzichtet ganz auf herkömmliche Lampen zugunsten leuchtender Tapeten, möglichst noch mit farbigen, gar mit wechselnden Mustern. Der Fantasie sind keine Grenzen gesetzt!

Ein weiteres großes Thema in der Nutzanwendung der organischen Elektronik sind die organischen Solarzellen.

9.4 Organische Photovoltaik

Dass unter den denkbaren Bauelementen auf der Basis organischer Elektronik die Solarzellen eine hervorgehobene Stellung einnehmen, ist schon insofern nicht verwunderlich, als auch hier, wie bei den Bildschirmen, das Merkmal der Großflächigkeit eine besonders gewichtige Rolle spielt. Solarpanels sollen groß sein, und organische Solarzellen können durch Bedampfen oder Plasmaabscheidung großflächig hergestellt und auf Druckmaschinen großflächig strukturiert werden. Wie in Abschnitt 8.2 erläutert, besteht die Funktionsweise einer Solarzelle darin, dass durch Absorption des Sonnenlichts freie (negative) Elektronen und freie (positive) ›Löcher‹ entstehen, die dann durch das elektrische Feld im Grenzbereich zwischen einem ›p-Leiter‹ und einem ›n-Leiter‹ voneinander getrennt werden. Die Ersteren fließen dann an der Kathode ab in den äußeren, durch die Solarzelle ›gefütterten‹ Stromkreis, die Letzteren an der Anode. Die zunehmende Beherrschung der Materialien wie der Fertigungstechnologie der Organischen Elektronik führt zu einer Steigerung der Effizienz organischer Solarzellen.[75] Sie wuchs zwischen 2010 und 2022 von etwa 10 % auf über 19 % an.[76] Ein Problem stellt

75 Fatima H. Malik, Alyaa A. H. A. Karem, E.H.Al-Tememe: »Organic Solar Cells: Short Review«, : *SVU-International Journal of Engineering Sciences and Applications* 4.2M (2023), p. 1–6. DOI 10.21608/svusrc.2023.181241.1091

76 Zhang 2022.

auch hier die Stabilität dar, zumal Solarzellen ›Wind und Wetter‹ ausgesetzt sind. Was den Wirkungsgrad anbetrifft, kommt auch hier das Prinzip ›Effizienz ist nicht alles‹ zum Tragen. Durch die organische Elektronik erschließen sich der Photovoltaik ganz neue Anwendungen, z.B. lassen sich große Fensterfassaden an Hochhäusern mit Filmen aus organischen Solarzellen bedecken. Dass diese einen Teil des Sonnenlichts für die Raumbeleuchtung wegnehmen, ist im Zeitalter der Klimaerwärmung, besonders in den Großstädten, sogar ausdrücklich erwünscht.

Kapitel 10
Molekulare Elektronik

10.1 Bausteine für eine ›Bottom-up‹-Entwicklung

In Abschnitt 4.4 hatten wir den Weg der modernen Elektronik zu immer kleineren Schaltkreisen, den integrierten Schaltungen, beschrieben, der nun an eine Grenze kommt dadurch, dass die Komponenten atomare Dimensionen erreichen. Kleiner als ein Gebilde aus wenigen Atomen kann nun einmal ein elektronisches Bauelement grundsätzlich nicht sein. So grandios diese technische Entwicklung war, so lässt sich doch sagen, dass es dabei um eine Fortentwicklung einer prinzipiell immer gleichen Technologie ging, basierend auf Silizium, mit einem auf Lithographie basierenden Strukturierungsverfahren. Im Blick auf die immer kleineren Dimensionen, aber im Prinzip doch gleiche Fertigungstechnik, spricht man von einem ›Top-down‹-Verfahren, von ›oben‹, von großen Strukturen zu immer kleineren fortschreitend. Nachdem diese Technologie an ihre Grenze stößt, finden ganz andere Wege zur

Erreichung von Bauelementen mit atomaren Dimensionen zunehmend Beachtung. Im Unterschied zu der oben besprochenen Top-down Vorgehensweise geht man bei einer dieser Entwicklungen nicht einen Weg der Miniaturisierung, von großen zu immer kleineren Strukturen fortschreitend, sondern beginnt mit funktionellen Elementen von atomarer bzw. molekularer Dimension,[77] die man zu immer größeren und komplexeren Schaltkreisen zusammensetzt. In diesem Sinne spricht man von einer ›Bottom-up‹-Vorgehensweise.

Solche ›funktionellen Elemente‹ von molekularer Dimension werden von der Natur bereitgestellt, interessanterweise aber weniger auf der Basis von Silizium als vielmehr der von Kohlenstoff. Es handelt sich dabei um verschiedene ›Allotrope‹ des Kohlenstoffs. Schon lange bekannte Allotrope des Kohlenstoffs sind Diamant (Bild 10.1a) und Graphit (Bild 10.1b).

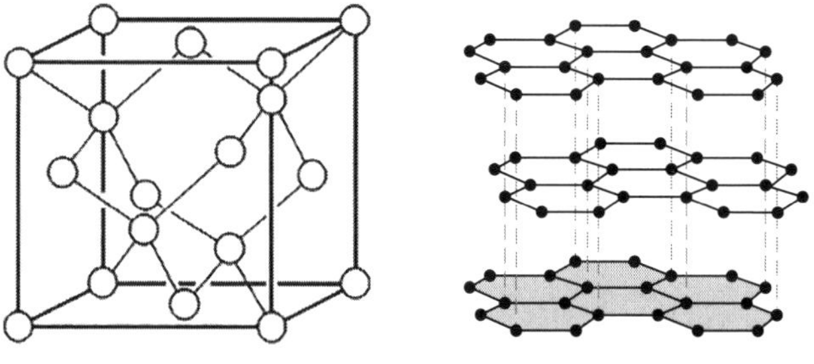

Bild 10.1a Kristallstruktur des Diamanten. Gezeichnet ist eine Elementarzelle, also der sich periodisch wiederholende Baustein, aus welchem sich der Kristall zusammensetzt.
Bild 10.1b Graphit, ein lange bekannter Allotrop des Kohlenstoffs.

77 Von molekularen Dimensionen spricht man bei Abmessungen von einigen Nanometern bis einigen 10 Nanometern (Nanometer wird im Folgenden, wie üblich, abgekürzt als nm).

Diamant und Graphit fallen nicht in die erwähnte Kategorie der ›funktionellen Elemente von atomarer bzw. molekularer Dimension‹, es sind ja Grundmaterialien. Wohl aber ist dies der Fall für die in Bild 10.1c, 10.1d und 10.2 gezeigten, erst in neuerer Zeit entdeckten Fullerene, Nanoröhrchen und das Graphen.

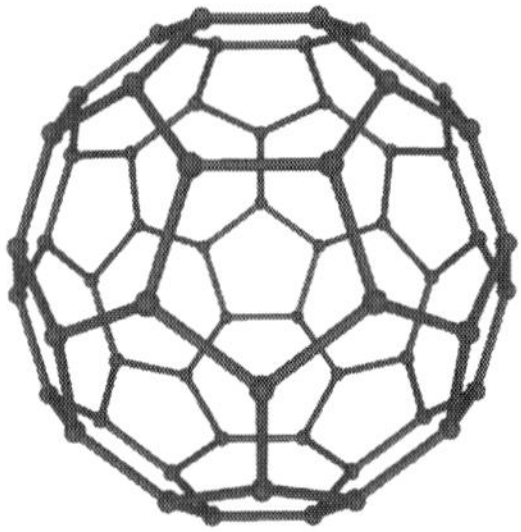

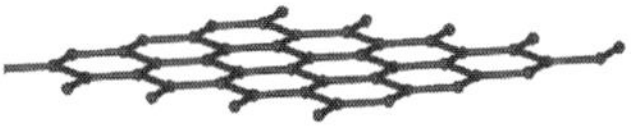

Bild 10.2 Graphen, created by Michael Ströck

Bild 10.1c Buckminster Fulleren, created by Michael Ströck

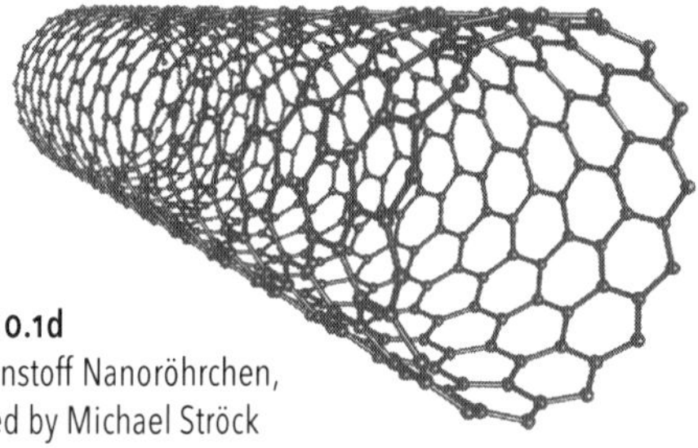

Bild 10.1d Kohlenstoff Nanoröhrchen, created by Michael Ströck

Das Buckminster Fulleren 60 besteht aus 60 Kohlenstoffatomen in der gezeigten Anordnung, es hat einen Durchmesser von ca. 70 nm, entsprechend einem großen Molekül. Es ist Bestandteil vieler elektronenleitender organischer Halbleiter.

Nanoröhrchen haben Durchmesser zwischen 1–10 nm, haben also in einer Richtung molekulare Dimensionen.

In Längsrichtung können Nanoröhrchen makroskopische Dimensionen haben, einige 10 Mikrometer bis hin zu nahezu 1mm. Bemerkenswert an den Nanoröhrchen ist, dass sie, je nach genauer Art der ›Wicklung‹ ihrer Kohlenstoffhülle, Metalle oder Halbleiter sein können. Nanoröhrchen metallischer Art kann man sich demnach in der Anwendung als miniaturisierte Drähte, als Leiterbahnen vorstellen. Halbleitende Nanoröhrchen können sowohl n-dotiert wie p-dotiert werden, je nachdem durch welchen Dotierstoff einzelne Kohlenstoffatome des Mantels ersetzt werden. Nanoröhrchen können demnach als halbleitende Komponenten einer elektronischen Schaltung zur Anwendung gelangen, aber auch, in der metallischen Modifikation, als miniaturisierte Leiterbahn.

Derartige ›Leiterbahnen‹ bestehen, trotz ihrer molekularen Abmessungen, immer noch aus vielen Kohlenstoffatomen. Umso bemerkenswerter ist es, dass auch die Stromleitung einzelner organischer Moleküle gemessen werden kann, wie in Bild 10.3 gezeigt. Das Bild zeigt, wie eine solche Messung erfolgt.

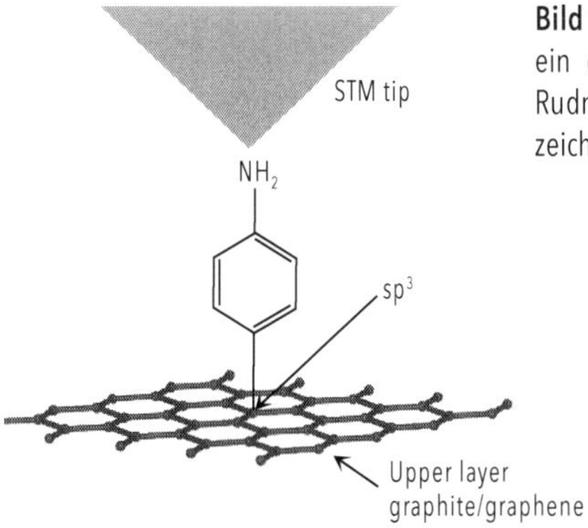

Bild 10.3 Stromleitung durch ein einzelnes Molekül (aus Rudnev 2017, s. Literaturverzeichnis)

Das Problem dabei sind die Elektroden, zwischen welche das Molekül ›eingeklemmt‹ werden soll. In Bild 10.3 ist das Molekül auf der einen Seite an eine Metallspitze angeschlossen,[78] auf der anderen Seite an ein Graphitsubstrat.[79] Es handelt sich um eine Komponente eines elektronischen Bauteils, bestehend aus einem einzelnen kleinen Molekül! Eine avantgardistische Perspektive bieten solche stromleitenden Moleküle auch insofern, als die Möglichkeit besteht, ihre Leitfähigkeit durch einen Lichtpuls zu verändern, der zu einer Veränderung ihrer Konstitution führt.[80] Dies eröffnet die Möglichkeit einer Elektronik, bei welcher Ströme nicht durch elektrische Signale, wie in einem Transistor, sondern durch Licht geschaltet werden können. Die Schaltgeschwindigkeit wäre dann nicht mehr durch die Ausbreitungsgeschwindigkeit elektrischer Signale auf den Leitungen eines Chips limitiert!

Eine Besonderheit mit hohem Anwendungspotenzial schließlich stellt das Graphen dar, das im Folgenden kurz beschrieben wird.

10.2 Graphen

Graphen ist eine monomolekulare Schicht von Kohlenstoffringen (Bild 10.2). Um ›molekulare Elektronik‹ handelt es sich beim Graphen insofern, als es in einer Richtung atomare Dimension hat, nämlich seiner Dickenrichtung. Die anderen Dimensionen sind makroskopisch. Man kann

78 Es handelt sich um die Spitze eines ›Rastertunnelmikroskops‹ (RTM). In einem solchen Mikroskop, das zur Sichtbarmachung einzelner Atome fähig ist, gehen in der Tat Ströme von einer ›Spitze‹ mit atomarer Dimension aus.

79 Rudnev 2017.

80 Jia 2016.

sich das Graphen vorstellen als eine einzelne Schicht von Graphit (Abb. 10.1b). Erstaunlicherweise wurde es in der Tat von den Entdeckern[81] erstmals hergestellt, indem von Graphit eine Einzelschicht mittels eines Klebebands abgezogen wurde. Zunächst wurde durch ein solches *adhesive tape* eine sehr dünne Kohlenstoffschicht von Graphit abgetrennt.[82] Durch mehrfache Wiederholung gelang es schließlich, eine einzelne Schicht zu erhalten, die dann auf Quarz (SiO_2) abgelegt wurde. So konnten erstmals die bemerkenswerten elektronischen Eigenschaften des Graphens bestimmt werden. Hervorzuheben ist eine sehr gute elektrische Leitfähigkeit, letztlich auf dem gleichen Mechanismus beruhend wie die des Graphits. Ganz besonderes Interesse weckt das Graphen als Halbleitermaterial aufgrund der hohen ›Beweglichkeit‹ der Ladungsträger, das bedeutet, dass sich die Ladungsträger, also die durch Dotierung eingebrachten Elektronen und ›Löcher‹, beim Stromtransport extrem schnell bewegen. Diese Eigenschaft macht das Material geeignet für die Verarbeitung besonders hoher Frequenzen.[83] Eine weitere interessante Anwendungsmöglichkeit resultiert aus der Tatsache, dass das Graphen, dünn wie es ist, eine hohe Durchlässigkeit für Licht besitzt. In Verbindung mit seiner hohen Leitfähigkeit bedeutet dies, dass es als Material für transparente Elektroden geeignet ist, wie sie beispielsweise in Solarzellen und organischen Leuchtdioden (OLEDs) benötigt werden.

81 Konstantin S. Novoselov (* 1974), russisch-britischer Physiker, jetzt Univ. of Manchester, und André K. Gaim (* 1958), niederländischer Physiker russlanddeutscher Herkunft, etzt Univ. of Manchester. Vovoselov und Gaim erhielten den Nobelpreis für Physik 2010 für die Entdeckung des Graphens.

82 Novoselov 2004.

83 Zum Thema ›Beweglichkeit‹ s.a. Abschnitt 5.5a.

Der umfassenden Nutzung des Materials stehen die Herstellungsprobleme entgegen. Bei der von den Entdeckern verwendeten Methode des *adhesive tapes* entstehen nur Flocken undefinierter Größe, ähnlich bei anderen heute eingesetzten chemischen Methoden wie der Abscheidung aus einer Methan-Gasatmosphäre (CH_4). Für die technische Nutzung wäre aber Graphen im Waferformat unumgänglich, also Schichten von wohldefinierter Geometrie und Größe. Ein interessanter und vielfach untersuchter Ansatz ist derjenige der thermischen Zersetzung von Siliziumkarbid (SiC): Man geht aus von einem Kristall oder Wafer aus Siliziumkarbid. Bei hohen Temperaturen findet eine ›Graphitisierung‹ statt, d.h. es dampft Silizium aus der Oberfläche ab und Kohlenstoff bleibt zurück. Bei einer Temperatur von ca. 1100 °C und sorgfältiger Prozessführung wird so eine Graphenschicht auf SiC produziert. Der große Vorteil der Methode liegt darin, dass auf diese Weise Wafer erhalten werden mit der Abmessung des SiC-Ausgangswafers, die dann für eine Bauelementtechnologie genutzt werden können. Voraussetzung für diese Nutzung ist, dass das Graphen auf einem SiC-Wafer gebildet wird mit so geringer elektrischer Leitfähigkeit, dass die Ströme durch das Graphen und nicht durch das darunter liegende SiC-Substrat fließen. Dies ist aber möglich in Gestalt des sog. semiisolierenden SiC.

Forschung an Graphen und seine Nutzung stehen noch ganz am Anfang, sein Potenzial ist noch gar nicht abzusehen. Generell kann dies wohl auch noch für die molekulare Elektronik gesagt werden.

Kapitel 11
Eine kohlenstoffbasierte Elektronik: Zurück zur Natur?

Bei den zuletzt besprochenen Materialentwicklungen der organischen Elektronik und der molekularen Elektronik handelt es um grundsätzlich andere Konzepte als in der klassischen Siliziumelektronik. Die Komponenten basieren nicht auf Silizium, sondern auf dem Element Kohlenstoff. Dies ist besonders hervorzuheben gegenüber anderen Materialvariationen, die in den vorangehenden Kapiteln besprochen wurden, insofern, als es sich gewissermaßen um eine Rückwendung zur Natur handelt. In natürlichen Systemen, bis hin zum menschlichen Gehirn, erfolgt die Kommunikation ja innerhalb von kohlenstoffbasierten ›Bauelementen‹. Während wir im Bereich der Energietechnik von einer ›Dekarbonisierung‹ als einer fundamentalen Transformation weg von den fossilen Brennstoffen sprechen, würde es sich hier um eine ›Rekarbonisierung‹ handeln. Unser Gehirn als kohlenstoffbasiertes System arbeitet offenbar völlig anders als die Siliziumsysteme der heutigen Informationstechnologie; ein Beleg dafür ist der exorbitante Energieverbrauch der letzteren Systeme, der schon jetzt einen nennenswerten Beitrag zum Gesamtenergieverbrauch unserer Zivilisation liefert. Er findet seine Kulmination in einer Tatsache wie der, dass man riesige Rechner für die Künstliche Intelligenz in Lappland errichtet, weil durch die kühle Umgebungstemperatur das Kühlungsproblem etwas erleichtert wird! Ein Faktum soll diesen exorbitanten Unterschied im Energieverbrauch noch illustrieren: Für das Institut für neuromorphes Rechnen der Universität Heidelberg[84], in welchem – stark vereinfacht gesprochen – das menschliche Gehirn in Siliziumtechnologie nachgebildet werden soll – wurden ursprünglich 20 Megawatt Energieverbrauch veranschlagt, welcher dann um den Faktor 10 reduziert wurde. Unser menschliches Gehirn verbraucht in vollem Betrieb etwa 20 Watt. So sehr bei einem solchen Vergleich zu differenzieren wäre, der fundamentale Unterschied ist evident. Er beruht auf einer völlig unterschiedlichen Schaltungstechnik, die wiederum wesentlich aus den chemischen Unterschieden der zugrundeliegenden Materialien resultiert. Ein Beleg nochmals für die enge Wechselwirkung zwischen Materialkunde und Technik! Soweit zur ›Rekarbonisierung‹ einer zukünftigen Mikroelektronik!

84 EINC European Institute for Neuromorphic Computing an der Universität Heidelberg.

Ausgewählte Literatur

Materialien und Physik der Halbleiter

Albrecht Winnacker: *The Physics behind Semiconductor Technology*, Springer Nature 2022.

Geschichte:

John Orton: *The story of semiconductors*, Oxford University Press 2004.

Ernst Feldtkeller, Herbert Goetzeler: *Pioniere der Wissenschaft bei Siemens*, Publicis MCD Verlag 1994.

Basic Semiconductor Data:

Data in Science and Technology, Group IV elements and III-V-compounds, Springer Verlag 1991, Editor: O. Madelung.

Zitierte Literatur

Amano 1989: H. Amano, M. Kito, K. Hiramatsu, I. Akasaki: *J. Journal Appl. Physics* 28 (1989), L2112–L2114.

Batentschuk 1999: M. Batentschuk, B. Schmitt, J. Schneider, A. Winnacker: »Color Engineering of Garnet based phosphors for luminescence conversion light emitting diodes«, *Mat. Res. Soc. Symp. Proc.* 560 (1999); https://doi.org/10.1557/Proc-560-215

Berkner 2013: J. Berkner, *Vom Wernerwerk zum Campeon*, Eigenverlag 2013.

Eckstein 1996: R. Eckstein, D. Hofmann, Y. Makarov, St. G. Müller, G. Pensl, E. Schmitt, A. Winnacker: »Analysis of the sublimation growth process of Silicon Carbide bulk crystals«, in: *MRS Symposion Proceedings* 423 (1996).

Filip 2011: O. Filip, B.M. Epelbaum, M. Bickermann, P. Heimann, A. Winnacker: »Effects of growth direction and polarity on bulk aluminum nitride properties«, in: *J. Crystal Growth* 318 (2011), p. 427–431.

Handel 1999: *Anfänge der Halbleiterforschung und -entwicklung.* Dissertation von Kai Christian Handel an der Fakultät für Elektrotechnik und Informationstechnik der RWTH Aachen 1999.

Hoffmann 1982: L. Hoffmann, G. Ziegler, D. Theis, C. Weyrich: »Silicon carbide blue light emitting diode with improved quantum efficiency«, in: *J. Appl. Phys.* 53 (1982), p. 6962–6967.

Hofmann 1999: D. Hofmann, E. Schmitt, M. Bickermann, M. Kölbl, P.J. Wellmann, A. Winnacker: »Analysis of defect generation during SiC bulk growth process«, in: *Materials Science and Engineering* B61–62 (1999), p. 48–53.

IBM 2021: https://newsroom.ibm.com/2021-05-06 IBM unveils World's first 2 nm Chip Technology; 31.8.2025.

Infineon 2024: »Sonu Daryanani: GaN Power semiconductor predictions«, *Power electronics news* (2024); https://www.powerelectronicsnews.com/infineon-successfully-develops-worlds-first-300-mm-power-gan-technology/(2024)

Jia 2016: Jia et al.: »Covalently bonded single molecule junctions with stable and reversible photoswitched conductivity«, in: *Science* 352.6292 (17. June 2016), p. 1443–1445; DOI: 10.1126/science.aaf6298

Kneissl 2019: M. Kneissl, T. Seong, J. Han, H. Amano: »The emergence and prospects of deep-ultraviolet light emitting diode technology«, In: *Nat. Photon* 13 (2019), p. 233–244; https://doi.org/10.10.1038/S41566-019-359-9

Königsberger: J. Königsberger, J. Weiss: »Über die thermoelektrischen Effekte (Thermokräfte, Thomsonwärme) und die Wärmeleitung in einigen Elementen und Verbindungen …«, in: *Annalen der Physik* 4.35 (1911), p.1–46 (1911); https://doi.org/10.1002/andp.19113400602

Kroto 1985: H. W. Kroto, J. R. Heath, S. C. O'Brian, R.F. Curt, R.F. Smalley: »Buckminster Fulleren«, *Nature* 318 (1985), p. 162–163.

Lely 1958: Patent US 2854364, Lely, Jan Anthony, »Sublimation process for manufacturing silicon carbide crystals«, published 1958-09-30, assigned to North American Philips Co., Inc.

Novoselov 2004: K.S. Novoselov, A.K. Geim et al.: »Electric field effect in atomically thin Carbon films«, in: *Science* 306 (2004), p. 666–699.

Pauli 1931: Zitiert in: Manuel Cardona: *Theory of Defects in Semiconductors, Springer Book Series Topics of Applied Physics* 104 (2006).

Rudnev 2017: V.A. Rudnev, V. Kaliginedi, A. Droghette et al.: »Stable anchoring chemistry for room temperature charge transport through graphite molecule contacts«, in: *Sci. Adv.* 3 (2017), e1602297.

Sandia 2017: Erik P.: »Sandia national laboratories SAND2017-dddd J.«, publiziert in De Benedictis: »Its time to redefine Moores law again«, in: Computer 50.2 (2017), p. 72–75.

Schneider 1998: Baur, J., Schlotter, P., Schneider, J.: »White light emitting diodes«, in: Helbig, R. (ed.): *Advances in Solid State Physics* 37, Springer 1998; https://doi.org/10.1007/BFb0108239

Schottky 1938: W. Schottky: »Halbleitertheorie der Sperrschicht«, *Naturwissenschaften* 26.843 (1938); https://doi.org/10.1007/BF01774216

Schottky 1939: W. Schottky: »Zur Halbleitertheorie der Sperrschicht- und Spitzengleichrichter«, in: *Zeitschrift für Physik* 113 (1939), p. 367–414.

Yoshikawa 2017: Yoshikawa, K., Kawasaki, H., Yoshida, W. et al.: »Silicon heterojunction solar cell with interdigitated back contacts for a photoconversion efficiency over 26%«, in: *Nat Energy* 2.17032 (2017); https://doi.org/10.1038/nenergy.2017.32

Zhang 2022: Guichuan Zhang, Francis R. Lin, Feng Qi, Thomas Heumüller, Andreas Distler, Hans-Joachim Egelhaaf, Ning Li, Philip C. Y. Chow, Christoph J. Brabec, Alex K.-Y. Jen, Hin-Lap Yip: »Renewed Prospects for Organic Photovoltaics«, in: *Chemical Reviews* 122.18 (2022), 14180–14274; DOI: 10.1021/acs.chemrev.1c00955

Heidelberger Akademische Bibliothek

bereits erschienen:

Ernst A. Schmidt: *Lateinische Philologie als hermeneutische Textwissenschaft*

Fritz P. Knapp: *Vergleichende mediävistische Literaturwissenschaft*

Gerd Theißen: *Religionskritik als Religionsdiskurs*

Anton Friedrich Koch: *Philosophie und Religion*

Dieter Langewiesche: *Vom vielstaatlichen Reich zum föderativen Bundesstaat*

Eike Wolgast: *Die evangelischen Kirchenordnungen des 16. Jahrhunderts als kodifizierte Reformation*

Johannes Siegrist: *Anerkennung und Gesundheit*

Lothar Ledderose: *China Schreibt Anders*

Otfried Höffe: *Was hält die Gesellschaft noch zusammen?*

Peter Graf Kielmansegg: *Gemeinwohl und Weltverantwortung*

Manfred Frank: *Über Motivation oder den ›Zusammenhalt der geistigen Welt‹*

Axel Michaels: *Die Autonomie des Rituals*

Christian Mair: *Global English für eine Welt mit vielen Sprachen*

Hermann Hahn: *Vom Wasser haben wir's gelernt*

Hans-Joachim Gehrke: *Bürgerkriege und Epheben*

Ronald G. Asch: *Ein republikanisches Experiment im 17. Jahrhundert*

Michael Erler: *Warum alte Texte lesen?*